JN233538

地上デジタル放送の すべて

技術開発から実験・実施までを追う

元　通信・放送機構　近畿地上デジタル放送研究開発支援センター　センター長
神島　治美　著

電波新聞社

まえがき

今年12月1日，我が国の地上デジタル放送がいよいよ開始される。

世界の放送が次々とデジタル化へと進む中で，我が国の地上放送はチャンネル・プランの策定や数々の確認実験の必要性が求められ，政府が1998年度補正予算として用意し，通信・放送機構が所有する共同利用施設「地上デジタル放送研究開発支援センター」として1999年度より5年間にわたるデジタル放送実験が，全国10箇所のセンターで開始されることとなった。

いよいよ1999年度から近畿地区で実験が開始されることとなり，私は実験主体である放送局，放送機器メーカー，家電メーカー，番組関係者などが参加する「近畿地区地上デジタル放送実験協議会」（略称K-DEC）の立ち上げに関与し，初代の実験部会長を引き受けたことから，地上デジタル放送の歩みと共に，その技術動向を知る立場となった。

初代の部会長として，実験計画，実験手順，報告書など，実験に関する関係資料のフォーマット化までの取りまとめを行うとともに，1年間にわたる実験を担当した。

この年，近畿における実験で初めての試みは，IMT2000などの移動体通

信に関する国際学術団体PIMRC'99が，我が国で開催する国際シンポジウムに参加し，公開展示を行うとともに，OFDMをテーマとしたセッションに参加するなどの活動を行った。

これを契機に，我が国初のSFN2段中継実験に成功し，放送各局が参加する実験が活発に動き始めた。翌年，通信・放送機構の依頼で，近畿地上デジタル放送研究開発支援センターのセンター長を引き受けたことから，出身母体の讀賣テレビ社内報への執筆を思い立ち，時代の流れと最新のトピックスを毎月の連載として掲載することとなった。

今年3月，近畿の実験チャンネルと放送チャンネルが重なり，全国の10センターに先がけて近畿支援センターが閉所になったことから，これまでの連載記事を総合的に取りまとめ，可能な限りの最新情報を盛り込んだのが本書である。

本文の中には，時間の経過により一部の陳腐化した内容もあるが，時代の流れと現在までの状況をご覧頂ければと考えている。

全体を通じて，デジタル技術のむずかしい言葉もときとして見受けられるが，社内報として技術以外の一般社員を対象にまとめたことから，読者の皆様には読みやすいのではと考えている。

説明の不備な点など多々あると思われるが，ご容赦頂きたい。本書を執筆するにあたり，多数の文献，各機関の資料を参考にさせていただいた。

また，出版に際してお世話になったQCQ企画の宮本さんをはじめ，関係各位に感謝申し上げる。

平成15年4月

著者しるす

もくじ

まえがき……………………………………………………………… 003

第1章　地上デジタル放送　始まったカウントダウン

カウントダウンに入った地上デジタル放送……………………… 014
放送開始に向けて，立ちはだかる問題点………………………… 021
難問を解決しながら突破し続ける地上デジタル放送…………… 024
地上デジタル放送での「テレビ・リモコン」の操作…………… 024
アナ・アナ変換の作業と手順……………………………………… 028
指定周波数変更対策機関の各地域受信対策センター…………… 031
テレビ・チャンネルと周波数（アナログ放送）………………… 032

第2章　地上デジタル放送を受信するために

地上デジタル放送を受信するには………………………………… 034
2003年12月1日から地上デジタル・テレビ放送を開始する地域… 036
東京タワーから発射される関東広域圏の受信エリア…………… 037
瀬戸のタワーから発射される中京広域圏の受信エリア………… 038
生駒山から発射される近畿広域圏の受信エリア………………… 039

第3章　地上デジタル放送開発の記録

年末ギリギリに発表されたチャンネル・プラン原案の波紋…… 042
政府・総務省が突如，周波数割振りの先送り発表……………… 043
デジタル化実現への最良策はSFN方式の見直し………………… 044
新技術の開発は"必要の母"　デジタル化の必要性…………… 046
8月スタートの実験に向けて関西放送界パワー結集…………… 047
日本のデジタル・テレビはOFDM方式で急速に普及！？……… 049

第4章　BSデジタル放送がスタート

2000年12月にBSデジタル放送がいよいよスタートする……… 052

もくじ

地上デジタル放送の現状……………………………………………… 053
日本のデジタル方式と欧米方式の違い……………………………… 054
ガード・バンドとはどんなものか…………………………………… 055
登場する新技術………………………………………………………… 057
2004年に何かが起きる………………………………………………… 059
デジタル家電は何をもたらすか……………………………………… 060
放送の世界はどう変わるか…………………………………………… 062

第5章　BS/CSデジタル放送

いよいよ始まったBS/CSデジタル放送……………………………… 066
放送側にとっての課題………………………………………………… 067
アナ・アナ変換が最初の関門………………………………………… 068
家庭用テレビ・ブースターの対策…………………………………… 069
中継局の置局に問題はないか………………………………………… 070
日本の放送方式はこれでよいのか…………………………………… 071
一般視聴者にとってのデジタル放送………………………………… 072
いよいよ登場する大型ディスプレイ………………………………… 073
デジタル家電とホーム・ネットワーク……………………………… 076

第6章　デジタル放送を考える

盛り上がったデジタル・フェア……………………………………… 080
デジタル受信機は双方向性が必須条件……………………………… 081
データ放送で何が考えられるか……………………………………… 083
HDD録画装置が放送業界を揺さぶる………………………………… 085
視聴率の消える日……………………………………………………… 087
デジタル放送のあり方を考える……………………………………… 087
字幕サービスは健常者にとっても必要？…………………………… 088
21世紀をにらんだ新技術利用の番組作り…………………………… 090

もくじ

第7章　地上デジタル・チューナー

沖縄サミットで一気に爆発
　家電各社のデジタル受信機開発 …………………………… 096
　熾列を極めるBSデジタル・チューナーの開発 …………… 097
3年先行するBSデジタル・チューナーを追う
　地上デジタル・チューナー………………………………… 099
地上デジタル放送の問題点………………………………………… 100
美しいデジタル画像……………………………………………… 102
松下電器が
　地上デジタル放送用小型受信機（復調器）を開発…………… 102
BSを追う地上デジタル放送の行方 …………………………… 104
リスクの少ない宇宙からの放送と
　混信問題で悩む地上デジタル放送……………………………… 105
BSに挑戦する地上デジタル放送の新たな試み ……………… 108

第8章　地上テレビ放送はこれからも最強メディアなのか

地上テレビ放送はこれからも最強のメディアなのか………… 114
アメリカCATVの誕生と発展…………………………………… 114
BSの発展と地上放送の普及 …………………………………… 116
地上放送は発展し続けるのか…………………………………… 118
デジタル放送事情と考察………………………………………… 119
放送のデジタル化の始まり……………………………………… 120
次々と始まる放送のデジタル化の必要性……………………… 123
日本のデジタル放送は…………………………………………… 124
デジタル放送による新しい試み………………………………… 126
本格的なデジタル時代の幕開け………………………………… 127
先行するBSの普及予想 ………………………………………… 129

も　く　じ

アメリカに見るシェアの動向……………………………………… 131
地上デジタル放送の目指すもの…………………………………… 132
21世紀の地上デジタル放送を占う ………………………………… 133
放送のデジタル化は進むのだろうか……………………………… 134
BS普及上の問題 …………………………………………………… 136
ヨーロッパ・アメリカに見る普及の違い………………………… 137
日本の地上デジタル放送は何を求めればよいのだろうか……… 138

第9章　デジタル家電とネットワーク技術

次々と登場し始めたデジタル家電とネットワーク技術………… 142
ホーム・ネットワーク技術の登場………………………………… 142
記録も再生もデジタル信号………………………………………… 144
BSチューナーを組み合わせたモデル実験………………………… 146
データ放送の初オン・エア………………………………………… 147
見え始めた地上デジタル放送のイメージ………………………… 149
イギリス・アメリカに見るデジタル放送の現状………………… 150
地上デジタル放送に立ちはだかるメディア……………………… 152
地上デジタル放送のイメージ……………………………………… 154

第10章　放送開始を2年後に控えた地上デジタル放送

動き始めた東名阪各局……………………………………………… 158
準備はどのように進んでいるのか………………………………… 159
放送事業者のスケジュールは……………………………………… 161
地上波を襲うネットワークの脅威
　　メディアの世界で何が起こっているのか…………………… 162
メディアの多様化と分散化………………………………………… 164
光ケーブルを使ったブロード・バンドの登場…………………… 165
地上波が最大の基幹メディアとなるために……………………… 167

も く じ

続々登場する情報家電製品……………………………………… 169
BSデジタルは,なぜ普及にブレーキがかかったのか ………… 170
デジタル放送の普及要因は意外なところに見える …………… 172
人に優しい技術のサービス………………………………………… 173
予想を越える圧縮技術の進歩とブロード・バンド…………… 174
地上デジタル放送の実現と普及を目指して
　デジタル化の幕は上がった………………………………………… 175
テレビ始まって以来の大革命……………………………………… 177
まだまだ認知度の低い地上デジタル放送……………………… 180
いよいよ始まるアナ・アナ変換作業…………………………… 181

第11章　地上デジタル放送の実現と普及を目指して

BSデジタル放送とは比較にならない難事業 ………………… 186
地上デジタル放送の問題点……………………………………… 187
デジタル技術は何をもたらせてくれるのか…………………… 190
地上放送はデジタル化によってどのように変わるか………… 191
放送側の負担,視聴者の負担…………………………………… 195
放送はどう変わるのか,21世紀の放送メディア …………… 198
地上デジタル放送の普及のための条件………………………… 200

第12章　地上デジタル放送の開始計画になにが起こったのか

いったい何が起こったのか
　突然の計画修正とアナ・アナ変換を考える………………… 204
なぜ,このようなことが起きてしまったのか………………… 205
放送開始までのシナリオを振り返る…………………………… 206
アナ・アナ変換問題とは何だろうか…………………………… 207
問題解決の方法はあるのだろうか……………………………… 210
デジタル放送の未来は明るいか………………………………… 212

もくじ

地上デジタル放送は無事に離陸できるのか
 混沌としてきた地上デジタル放送の行方……………………213
 計画の見直しで解決策はあるのか………………………………215
 救世主はCSデジタルなのか………………………………………216
 改革に保守主義は不要……………………………………………219

第13章 デジタル化が我々にもたらすもの

 デジタル化とは，いったい何なのか……………………………222
 インターネットの普及と通信回線の広帯域化…………………224
 デジタル家電とホーム・ネットワーク…………………………226
 なぜ沈んだのかアメリカの
  地上波テレビとケーブルのデジタル化………………………228
 日本のケーブル・テレビ事情……………………………………231
 急速に進むインターネットのブロード・バンド化……………233
 地上波テレビの未来は……………………………………………233

第14章 地上デジタル放送の開始に向けて

 地上デジタル放送の認知度………………………………………238
 放送開始のシナリオは……………………………………………239
 最大の基幹メディアとしての発展を目指して…………………241

第15章 地上デジタル放送 夜明け前

 放送のデジタル化…………………………………………………246
 黎明期のデジタル放送……………………………………………247
 衛星放送と地上放送の大きな違い………………………………249
 準備は整ったのか…………………………………………………251
 2003年12月 放送開始と完全デジタル化を目指して…………253

も く じ

総務省が公表した免許方針の概要……………………………………… 254

第16章　資　料

関東広域圏のアナ・アナ変換対象地域……………………………… 258
中京広域圏のアナ・アナ変換対象地域……………………………… 277
近畿広域圏のアナ・アナ変換対象地域……………………………… 281

NHK総合　予備免許の内容 ………………………………………… 290
NHK教育　予備免許の内容 ………………………………………… 291
日本テレビ　予備免許の内容………………………………………… 292
TBS　予備免許の内容………………………………………………… 293
フジテレビ　予備免許の内容………………………………………… 294
テレビ朝日　予備免許の内容………………………………………… 295
テレビ東京　予備免許の内容………………………………………… 296
MXテレビ　予備免許の内容 ………………………………………… 297
NHK総合（名古屋）　予備免許の内容……………………………… 298
CBC　予備免許の内容………………………………………………… 299
東海テレビ　予備免許の内容………………………………………… 300
名古屋テレビ　予備免許の内容……………………………………… 301
中京テレビ　予備免許の内容………………………………………… 302
テレビ愛知　予備免許の内容………………………………………… 303
NHK総合（大阪）　予備免許の内容 ……………………………… 304
讀賣テレビ（大阪）　予備免許の内容……………………………… 305
朝日放送（大阪）　予備免許の内容………………………………… 306
毎日放送（大阪）　予備免許の内容………………………………… 307
関西テレビ（大阪）　予備免許の内容……………………………… 308
テレビ大阪（大阪）　予備免許の内容……………………………… 309

も く じ

関東・中京・近畿広域圏の地上デジタル放送チャンネル表

東京都　UHFデジタル（アナログ）チャンネル………………… 310
神奈川県　UHFデジタル（アナログ）チャンネル……………… 312
千葉県　UHFデジタル（アナログ）チャンネル………………… 313
埼玉県　UHFデジタル（アナログ）チャンネル………………… 314
群馬県　UHFデジタル（アナログ）チャンネル………………… 315
栃木県　UHFデジタル（アナログ）チャンネル………………… 316
茨城県　UHFデジタル（アナログ）チャンネル………………… 317

岐阜県　UHFデジタル（アナログ）チャンネル………………… 318
愛知県　UHFデジタル（アナログ）チャンネル………………… 320
三重県　UHFデジタル（アナログ）チャンネル………………… 321

滋賀県　UHFデジタル（アナログ）チャンネル………………… 323
京都府　UHFデジタル（アナログ）チャンネル………………… 324
大阪府　UHFデジタル（アナログ）チャンネル………………… 325
兵庫県　UHFデジタル（アナログ）チャンネル………………… 326
奈良県　UHFデジタル（アナログ）チャンネル………………… 329
和歌山県　UHFデジタル（アナログ）チャンネル……………… 330

さくいん……………………………………………………………… 332

第1章
地上デジタル放送 始まったカウントダウン

カウントダウンに入った地上デジタル放送

　2002年12月18日，東京，大阪，名古屋の三大広域圏におけるNHK，民放各局は地上デジタル放送の免許申請を行った。この結果，日本の地上デジタル放送は申請を行った三大広域圏の放送事業者によって，2003年12月1日からいよいよ地上デジタル放送が開始されることとなった。
　地上デジタル放送の実現を目指して取り組んできた現行テレビ・チャンネルの見直しと，チャンネル変更によって問題となる受信対策，アナ・アナ変換問題では，当初その総務省対策費予算として852億円が求められていたが，総務省・NHK・民放キー局によって組織された「全国地上デジタル放送推進協議会」による調査の結果，総額2,000億円を超えることが判明した。
　この結果，「全国地上デジタル放送推進協議会」は2001年11月末に突如，

関東広域圏にテレビ電波を発射する東京タワーのアンテナ群

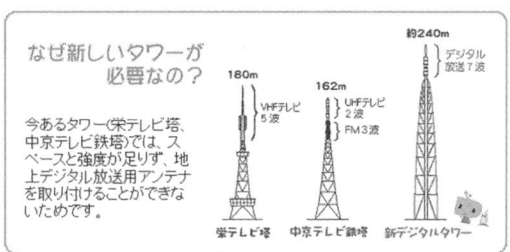

第1章　地上デジタル放送　始まったカウントダウン

中京広域圏にテレビ電波を発射するデジタルタワー（2003年5月現在，工事中）

計画の変更と見直しを発表し，関係者の動揺と不安を誘ったが，「全推協」の計画見直しと努力によって2002年8月，総務省によるアナ・アナ変換対策費1,800億円が発表された。

　このような変遷を経て，ようやくまとまった対策予算をベースに，2002年12月の免許申請受付から，2003年12月の放送開始がようやく確定したものである。

　2003年12月，日本の地上放送がいよいよデジタル放送を開始する。今，日本のテレビ放送が始まって以来，50年の歴史の中で，何が起ころうとしているのだろうか。

　放送のデジタル化は，単に番組の伝送手段としてのみに使われるというものでは決してない。

　20世紀半ばに生まれたデジタル技術が，トランジスタの発明，レーザー

光線の登場，光ファイバーの発明と共に，IC技術など高度集積回路技術の登場や高度なデジタル通信技術の登場・発展に助けられ，コンピュータ技術による放送番組の送出制御，番組制作機器のデジタル化，画像処理のデジタル化へと進んだ。

今ではデジタル・カメラやパソコン・データなどの加工，放送番組素材の記録，編集作業もデジタル技術によって容易となり，劣化することのない大量のデータや番組素材が，放送や通信回線を通して私たちの家庭へと送られる時代が，到来したのである。

このような放送のデジタル化時代における放送のあり方は，これまでの番組作りとは違った考えや新しい手法・アイデアが，他局との差別化をもたらし，視聴率競争においても優位に立つことができることになる。

では，放送局側として考慮しなければならない点はどこにあるのだろう。讀賣テレビでは，概略次の点を重視している。

近畿広域圏にテレビ電波を発射する生駒山のアンテナ群

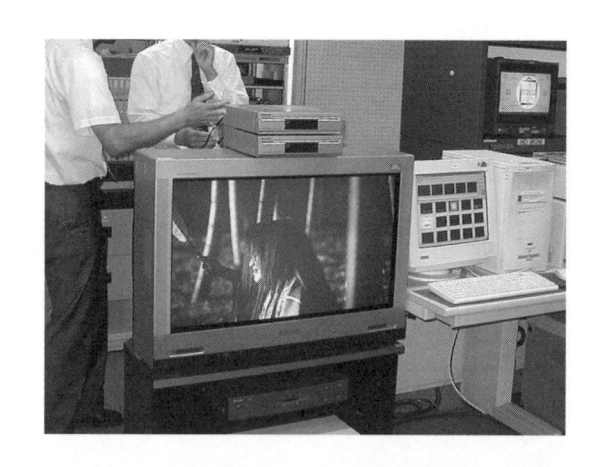

第1章 地上デジタル放送 始まったカウントダウン

地上デジタル放送用のチューナー（試作品）で見たテレビ画像

・視聴率の取れる良質のソフトが大切である（大前提）。
・社内設備は会社規模でのデジタル化への設備導入が必要である。
・データ放送は，デジタル放送ならではの全く新しいサービスとして捉え，これを現実に即したスリムな形まで落とし込んで実用化を目指す。デジタル放送が始まってもまず大切なことは，いま視聴者に届けているサービスをこれまで同様にきちんと伝えることが先決で，その後，デジタルならではのサービスを徐々に付加していく。
・そのための準備として，番組制作でのハイビジョン・トライアルの実施で，SDTVの画質との差，迫力に注目。それと画角の16：9の表現力についての検討を行う。
・データ放送についても2回のトライアルを経験し，クイズ，プレゼント，アンケート，そしてファックスなどを通じて双方向サービスにも挑戦し，デジタル放送開始当初のサービスは何がよいかをまとめる。

デジタル放送用のテレビジョンの画面の横と縦の比率は16：9となる

・携帯向け放送は，新たなビジネス・モデルを構築できると思われるので，注目されている。7千万台にも普及した携帯電話やPDAなどの携帯端末に向けた放送は2005年くらいには実現するものと考え，準備を進めている。
・電子番組表（EPG：Electronic Program Guide）は，デジタル放送での「売り」であり，番組の一部として捉えた情報を流す。
・当初はアナログからデジタルに緩やかに移行する形でスタートし，デジタル放送対応の携帯端末などが出てきた段階が次のステップである。そして2006年には地方局も含めてデジタル放送が全国展開し，成熟期にはいる。

　このように番組を通じて，視聴者や社会に新しいメディアの誕生を奇抜に示したり，インパクトを与えたり，誘導するような荒っぽい冒険はしないものの，近畿における視聴率第1位という背景・自信の中で，確実に現状

第1章　地上デジタル放送　始まったカウントダウン

を捉えながら新しい問題に挑戦し，番組への展開をするというのが讀賣テレビの姿勢である。

　デジタル放送において，ハイビジョン番組が主流となるであろう中で，これまでのハイビジョン番組のトライアル制作を通じ，体験し会得した映像の迫力や感動を，今後の番組作りに生かすのは当然ではあるが，テレビの画面構成がデジタル放送はワイドな画角の16：9で，アナログ放送は4：3との考えにいつまで拘わり続けるのだろうか。

　最近の新しく売られているテレビの多くがワイドであり，プログレッシブ（順次走査）になっていることと，視聴者にとってはこれまでのような4：3の画面構成に拘りがあるのだろうかということである。むしろ，BSやCSデジタル放送のワイド画面に馴れた視聴者も多いことから，いっそアナログやデジタルの区別なく，すべての放送で16：9の画角ができないものだろうか。

　これまでの4：3の番組素材では，画面の両端に関連情報を付けるなどして，現行放送においても16：9に切り替えるような思い切った改革，挑戦はできないのだろうか。これによって，番組作りも現行放送の画角にとらわれず16：9の統一した考えで制作できることになる。

　データ放送について言えば，現在，視聴者がすぐに，いつでも見たいと思うものは，天気情報やニュースであることは間違いない。しかし，データ放送はこれまでの文字放送などと違って，情報容量も多く，新たな番組宣伝や事業広告などへの展開，新しいツールとして主番組の視聴にも影響を与える競合メディアとなることも確かである。

　あまりデジタル化が進んでいないイギリスでは，データ放送との連動番組に大変な人気があるとの話をイギリスの人から直接聞いている。ただ，

日本におけるデータ放送設備の高価格さに加え，BML言語体系のオペレーター不足など操作上の問題，制作費の問題などもあって時間もかかることから，急がずステップを踏まなければならないのではないかと私は考える。

　地上デジタル放送の中で最もハイライトは，携帯向け放送サービスへのとらえ方ではないかと思われる。

　何といっても，地上デジタル放送の強みは広告メディアとして最強のメディアであることであり，衛星放送などではできない携帯受信や，移動体受信が大きなメリットの一つである。

　PDAと呼ばれる携帯端末や携帯電話による1セグメント受信は，MPEG4方式による圧縮技術のパテント問題が未解決であり，さらに携帯端末のバッテリー消費の問題もあって，これらが解決しない限り実用化はむずかしい。

　しかし，放送方式として技術面からは良好な受信が可能で，2005年頃には解決することは十分に考えられる。

　家電業界では，以前から2004年が買い換え需要のピークとの考えを持っており，2004年を中心にテレビや新しい家電製品を集中して登場させることが考えられる。

　自動車などによる移動体受信では携帯端末のような1セグメント受信ではなく，SDTV（Standard Definition Television）と呼ばれる現行放送レベルの通常画質から，今ではHDTV（High Definition Television）と呼ばれるハイビジョンまでの受信が可能となり始めている。

　これらの技術は，私が協議会やTAO（通信・放送機構）に参加して実験が始まった初期の頃では考えられないことであったが，ここ1，2年の間に受信機の大幅な改良・改善が進み，SDTV信号からHDTV信号に至るまで受

BML言語体系：Braoadcast Mark-up Language。デジタル・データ放送用のコンテンツの記述言語。HTML，XML言語体系の中で，我が国のデータ放送用言語として作られたもの。

第1章　地上デジタル放送　始まったカウントダウン

地上デジタル放送ではすべてのチャンネルがUHF帯で送信される

信可能な範囲に達し始めた。
　これを可能にするためには，幾つかの条件や技術開発が重なるチャンスが必要である。
　HDTVまで受信可能にするには，NHK技術研究所やトヨタ自動車の中央研究所がTAOの実験電波を使って研究・開発した新しいアンテナ受信技術が使われており，今後の改善も考えると自動車などの移動体によるHDTV受信は実用化が視野に入ってきたといえるだろう。

放送開始に向けて，立ちはだかる問題点

　既に，2002年12月18日に免許申請を終えた東京，大阪，名古屋の三大都市圏における放送のパワー・アップとエリア拡大計画が明らかとなった。

　PDA：Personal Digital Assistants。手のひらサイズを意味することから，Parm top Digital Assistantsと呼ぶこともあった。

放送開始の手順として，関東地区ではNHK教育と民放が15.5W（12万世帯），NHK総合が300W（700万世帯）でスタートし，アナ・アナ変換（28ページ参照）対策と混信問題を片付けながら次第にパワーを上げて，2004年には民放で640万世帯，2005年にはフル・パワーとなり1200万世帯，2011年には1400万世帯が受信可能になる。

　近畿地区においてもNHK，民放が10W（280万世帯）でスタートし2004年には100W，2005年にはフル・パワーの3kW（400万世帯）となり，2011年までには中継局の開局まで進めて，ようやく570万世帯が視聴可能となる。

　中京地区では新しく瀬戸市に建てられたアンテナから送信され，2004年にはフル・パワーの3kWでの送信が行われ，2011年には290万世帯をカバーする。

　このように順調な流れでパワー・アップされて，予定どおりに世帯カバーが達成できれば大変結構なことだが，アナ・アナ変換対策とは別に，弱電界地域におけるテレビ受信ではアナログ受信への障害や，デジタル受信不可の地域も発生する。これらの対策も考慮し，2002年度近畿地区で調査を実施した「地上デジタル放送の開局に伴う現行テレビ放送への受信障害」がある。

　この調査で近畿地区における受信障害が京都南部を中心として奈良盆地，生駒周辺まで含めて20万件近い世帯に何らかの受信障害が予想されるとの結果が得られたが，このデータは関係者の間でも大きな話題となり，「全国推進協議会」や総務省からの資料提出が求められるなど，全国的にも重要な参考資料とされ，受信障害の見直しや検討委員会の設置など，弱電界地域における障害やブースター受信による障害の参考資料として利用されている。

この資料から類推すると，近畿地区での受信障害は2004年ごろに大きなピークに達することになるが，この問題を乗り切れば，フル・パワーまではそれほどの問題もなく到達できるであろう。数年後のフル・パワーから，番組の充実と視聴者のデジタル化が完了する2011年に，アナログ波の停止とそれに続くデジタル・チャンネルの見直し，「デジタル・リパッキング」が必要となる。
　このデジ・デジ変換といわれるチャンネル変更対策の費用は，現在のアナ・アナ変換と同じ国の予算で対処するのだろうか？
　とんでもない，心配ご無用です。
　すべての放送がデジタル化されたときには，たとえ今まで見ていた中継局のチャンネルが突然変更されたとしても，受信機のリモコンで，たとえば讀賣テレビのチャンネル番号「10」を押せば，変更された中継局が発射

千葉県成田のUHF帯テレビ送信タワー

するパイロット信号によって「讀賣テレビ」のチャンネル番号を自動的に探し当て，これまでと何も変わらなかったごとくに受信することができる。

このようにデジタル技術はむずかしいものではなく「人に優しい」技術なのである。

余計なことまで書いてしまったが，放送メディアの方式変更という初めての問題に出くわした21世紀初頭の問題は，デジタル時代になっても変わらないであろう。

難問題を解決しながら突破し続ける地上デジタル放送

いよいよカウントダウンに入った地上デジタル放送だが，これまでの経緯からみて，米英などの放送開始の状況とは大きく異なっている。

周到な計画で放送事業者は番組や設備の対応を行い，行政サイドは電波利用についての厳しい指導と将来計画を立て，家電機器メーカーは放送に合わせて受信機など関連機器の開発を行い，これらの総合力で我が国の地上デジタル放送は難問を解決しながら突破し続けるに違いない。数年後には日本の地上デジタル放送が世界のモデルとなっていることを願っている。

地上デジタル放送での「テレビ・リモコン」の操作

2003年12月から始まる地上デジタル放送では，これまでのテレビ・チャンネルという概念が曖昧になってくる。

現在，東京のテレビ放送はNHK総合が1ch，教育が3ch，日本テレビ4ch，フジテレビ8ch，テレビ朝日10ch，そしてテレビ東京12chとなっているが，

第1章 地上デジタル放送 始まったカウントダウン

　地上デジタル放送ではNHK総合27ch，教育26ch，日本テレビ25ch，TBS22ch，フジテレビ21ch，テレビ朝日24ch，テレビ東京23ch，そしてMXテレビ20chとなり，これまでとはまったく異なったチャンネル割り当てが行われている。

　さらに，これらの各局をリモコンで選択する場合のリモコン番号はNHK総合「1」，教育「2」，日本テレビ「4」，TBS「6」，フジテレビ「8」，テレビ朝日「7」，MXテレビ「9」と決められて，チャンネル番号と関係のない番号が割り当てられている。

　東京の場合は日本テレビ，TBS，フジテレビが4，6，8とたまたま同じ番号だが，そのほかはまったく関係のない番号である。

　近畿地区においても同様である。地上デジタル放送が始まると「チャンネル」という考えはなくなり，「リモコン番号」がその局を選ぶことになるのである。

　これまでのようにチャンネルの考え方を持ったとしても，意味をなさなくなってしまうからである。

　地上デジタル放送では，各局が三つの番組を同時に放送することや，携帯電話などの端末にも番組を送ることが可能となる。

　加えてデータ放送があり，単に放送局を選ぶだけでなく，さらにどの番組を見るかの選択も必要となる。

　地上デジタル放送では，放送局は自局がどの地域の放送局であるかを示す識別コードを送信している。

　また，放送局は自局の局番号（0〜11）を送信して，受信機に受信してもらうための案内を行う。さらに，現在の放送は何番から何番まで，いくつの番組を放送しているかも送信することになる。

地上デジタル放送のすべて

　これがサービスIDの構造を示す4桁の一覧表で示されている。これは受信機内部で処理されるもので、これに対応するのが「リモコン・キーID・3桁番号」の表である。
　たとえば、東京でリモコン番号「1」を選べば関東広域地域の識別「1」が出され、NHK総合番号が選ばれることになる。
　今、仮にNHK総合が三つの番組を放送しているとすれば、実際にテレビ・リモコンで「011」と押せば、「NHK総合」でテレビ番組「1番目」のチャンネルが選ばれてその映像が映しだされ、「012」と押せば「2番目」の番組が、「013」と押せば「3番目」の番組を見ることができる。
　データ放送を見るときは、「データ放送1」を選び、「1番目」の番組を見るならリモコン番号に「200」を加えた「211」と押せば見ることができる。同様に「データ放送2」を見るときは、さらに「200」を加えた「411」と押せば「データ放送2」の1番目の放送が見られる。
　「地域識別」の表、「サービスIDの構造・4桁」の表は、機器内部が判別するためにテーブルとして持つもので、地域ごとに放送各局が現在の状況（地域識別やサービス識別、事業者識別、サービス番号）を送信することで

リモコン・キーID・3桁番号の表

リモコン キーID	3桁番号			
	テレビ	データ1	データ2	部分受信
1	011-018	211-218	411-418	611-618
2	021-028	221-228	421-428	621-628
3	031-038	231-238	431-438	631-638
10	101-108	301-308	501-508	701-708
11	111-118	311-318	511-518	711-718
12	121-128	321-328	521-528	721-728
		+200	+200	+200

地域識別の表

識別	地域	識別	地域	識別	地域	識別	地域
0		16	室蘭	32	山梨	48	島根
1	関東	17	宮城	33	愛知	49	鳥取
2	近畿	13	秋田	34	石川	50	山口
3	中京	19	山形	35	静岡	51	愛媛
4	北海道域	20	岩手	36	福井	52	香川
5	岡山・香川	21	福島	37	富山	53	徳島
6	島根・鳥取	22	青森	38	三重	54	高知
7		23	東京	39	岐阜	55	福岡
8		24	神奈川	40	大阪	56	熊本
9		25	群馬	41	京都	57	長崎
10	札幌	26	茨城	42	兵庫	58	鹿児島
11	函館	27	千葉	43	和歌山	59	宮崎
12	旭川	28	栃木	44	奈良	60	大分
13	帯広	29	埼玉	45	滋賀	61	佐賀
14	釧路	30	長野	46	広島	62	沖縄
15	北見	31	新潟	47	岡山		

　受信機がテーブルを作り，リモコン操作によってこれに合致した放送局と番組が自動的に選ばれることになる。

　リモコン・キーID・3桁の番号の表は，視聴者が自分の見たい放送局と番組を選ぶために必要な一覧表である．各放送局は，この一覧表に対比した電子番組表（EPGと呼ばれる）を併せて放送することになり，一般視聴者はこれを見てリモコン操作をすれば自分の好みの番組を簡単に選ぶことができる．

サービスIDの構造・4桁の表（機器内部はサービスIDで選局）

15	14	13	12	11	10	9	8	7	6	5	4	3	2	1	0
地域識別						サービス識別			地域事業者識別				サービス番号		

地域識別	サービス識別	地域事業者識別	サービス番号
広域 00〜09	テレビ	0	0
県域 10〜63	データ	1	1
	データ（部分受信）	2	2
		3	3
		⋮	4
		9	5
		10	6
		11	7

アナ・アナ変換の作業と手順

　地上デジタル放送は，UHF帯のチャンネルとして新しく割り当てられる。しかし，現在放送されているアナログ放送に加え，全国に新しくデジタル放送用のチャンネルを割り当てるためにはチャンネルが不足する。

　したがって，地域によっては現在放送されているアナログ放送の一部のチャンネルを他のチャンネルに変更しなければならない場合がある。

　これを「アナログ周波数変更」と呼ぶ（本書では「アナ・アナ変換」と表記する）。これらアナ・アナ変換の対象地域においては，

① 「視聴者側での受信対策」と

② 「テレビ局側での送信対策」が必要となる。

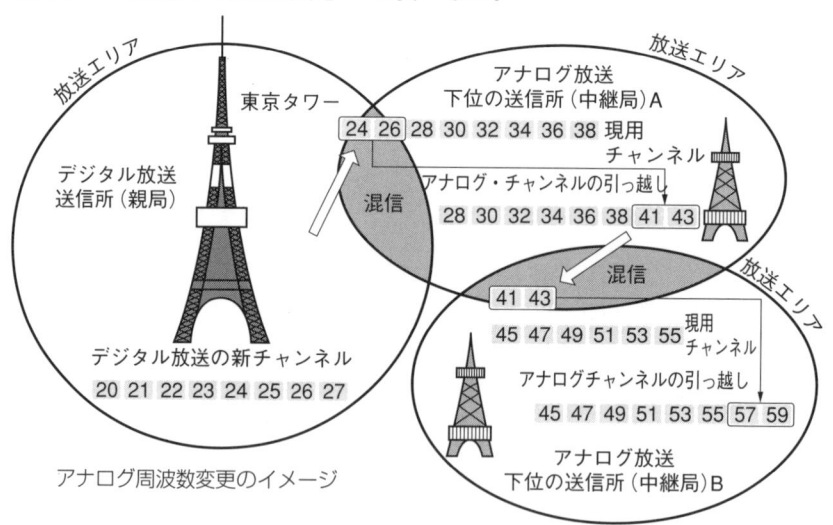

アナログ周波数変更のイメージ

● 上の図で，新たな地上デジタル放送用親局のチャンネルを選定するた

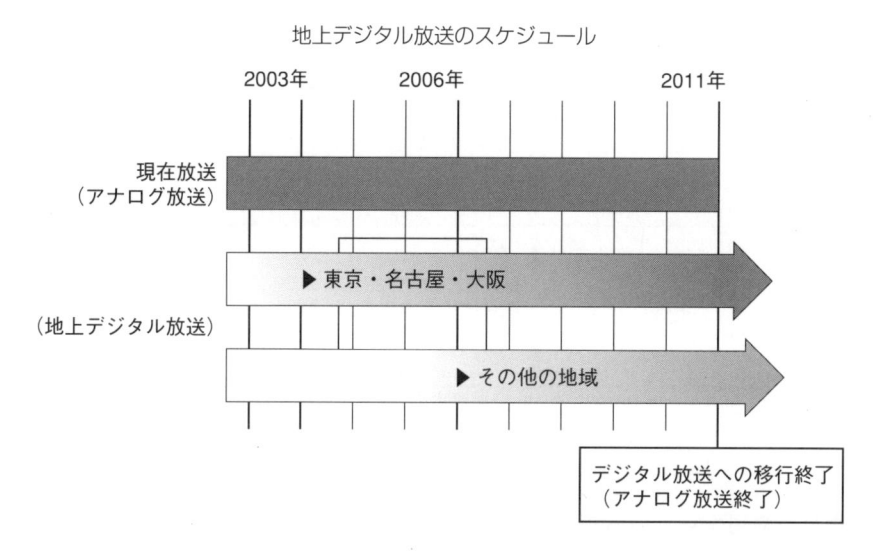

第1章　地上デジタル放送　始まったカウントダウン

地上デジタル放送のスケジュール

2003年　　2006年　　　　　　2011年

現在放送
（アナログ放送）

（地上デジタル放送）
▶東京・名古屋・大阪
▶その他の地域

デジタル放送への移行終了
（アナログ放送終了）

め，A中継局の現行を，たとえば「24chから41ch」「26chから43ch」に変更することとなる。

● 「アナ・アナ変換」により，現在たとえばA中継局の24ch，26chでテレビを見ている視聴者は，中継局の送信チャンネル変更のため，テレビやビデオなどの受信チャンネルの設定を，新たなチャンネル41ch，43chに変更する必要が生じる。

アナ・アナ変換を説明する関東総合通信局のホームページ

アナログ周波数変更への対策方法

```
┌─────────────────────────────────┐
│     受信対策センターによる調査      │
└─────────────────────────────────┘
           ↓（調査員は訪問しません。）
┌─────────────────────────────────┐
│ アナログ周波数変更に関するお知らせの配布 │
└─────────────────────────────────┘
           ↓（郵送）
┌─────────────────────────────────┐
│         給付申請書の配布           │
└─────────────────────────────────┘
           ↓（郵送）
┌─────────────────────────────────┐
│         変更工事の開始             │
│ (新チャンネル及び旧チャンネルによる放送を開始) │
└─────────────────────────────────┘
           ↓（戸別訪問して対策を実施します。）
```

- B中継局を見ている視聴者も，同じくテレビやビデオなどの受信機のチャンネルの設定を変更先のチャンネル（「41ch から57ch」「43chから59ch」）に変更する必要がある。
- なお，実際のアナ・アナ変換の順番は，まずB中継局のチャンネルを変更し，次いでA中継局のチャンネルを変更するということになる。
- アナ・アナ変換の対象地域の視聴者には，上の図の手順により国の費用で変更工事が実施される。

　アナ・アナ変換対策に必要な経費は，原則として国から給付金として支給されるが，給付金の支給対象となる受信設備は，次のとおりである。

① 放送対象地域内（地理的条件により，放送を受信できないなど，やむを得ない理由により地域外で受信している場合を含む）で住宅（人の住居の用に供する建物又は建物の部分）に設置されている受信設備。

② 病院等（総務省告示第620号　平成13年10月3日）の施設に設置されている受信設備。

第1章 地上デジタル放送 始まったカウントダウン

指定周波数変更対策機関の各地域受信対策センター

都府県名	アナログテレビチャンネル変更対策地域受信対策センター名	代表者の氏名	受信相談電話番号	所在地
関東広域				
茨城県	茨城地域受信対策センター	立花 光夫	0120-771-797	土浦市桜町1-16-12 住友生命ビル7階
栃木県	栃木地域受信対策センター	福田 征男	0120-401-293	矢板市扇町1-13-1 矢板ツーリングビル2階
群馬県	群馬地域受信対策センター	堀口 朗	0120-357-488	前橋市古市町1-41-9 尾瀬林業ビル3階
埼玉県	埼玉地域受信対策センター	飯名 宏	0120-401-035	川越市脇田本町15-10 三井生命川越駅前ビル8階
千葉県	千葉地域受信対策センター	白石 孝	0120-401-398	千葉市中央区新田町5-7 三惠10ビル502
東京都 神奈川県	東京・神奈川地域受信対策センター 同上	関 孝雄	0120-401-350	川崎市麻生区上麻生1-15-12 新百合ヶ丘MINAMIビル301
中京広域				
岐阜県	岐阜地域受信対策センター	武藤 友晃	0120-124-820	岐阜市美江寺町2-3
愛知県	愛知・三重地域受信対策センター	磯田 邦彦	0120-124-826	名古屋市中区丸の内3-6-41 リブビル5階
三重県	同上			
近畿広域				
滋賀県	滋賀・京都地域受信対策センター	浜崎 健二	0120-252-639	京都市伏見区下鳥羽梅女塚13番地 イクタ電気通信3階
京都府	同上			
兵庫県	兵庫地域受信対策センター	藤原 朗	0120-540-700	神戸市中央区古湊通1-2-16 辻井ビル301
大阪府	大阪・奈良地域受信対策センター	長谷波 一	0120-623-522	大阪市中央区船越町2-1-5 吉見ビル2階
奈良県	同上			
和歌山県	和歌山地域受信対策センター	浜崎 健二	0120-815-108	橋本市市脇1-1-6 紀北川上農業協同組合内
岡山県 香川県	香川地域受信対策センター 同上	辻 善教	0120-112-064	高松市木町10-7 共同ビル2階

（注）香川県については、近畿広域圏の関係で今年度からアナ変の受信対策を行う必要があり、現地対応組織をおくもの。

テレビ・チャンネルと周波数（アナログ放送）

チャンネル	映像周波数	音声周波数	チャンネル	映像周波数	音声周波数
1	91.25	95.75MHz	32	585.25	589.75MHz
2	97.25	101.75MHz	33	591.25	595.75MHz
3	103.25	107.75MHz	34	597.25	601.75MHz
4	171.25	175.75MHz	35	603.25	607.75MHz
5	177.25	181.75MHz	36	609.25	613.75MHz
6	183.25	187.75MHz	37	615.25	619.75MHz
7	189.25	193.75MHz	38	621.25	625.75MHz
8	193.25	197.75MHz	39	627.25	631.75MHz
9	199.25	203.75MHz	40	633.25	637.75MHz
10	205.25	209.75MHz	41	639.25	643.75MHz
11	211.25	215.75MHz	42	645.25	649.75MHz
12	217.25	221.75MHz	43	651.25	655.75MHz
13	471.25	475.75MHz	44	657.25	661.75MHz
14	477.25	481.75MHz	45	663.25	667.75MHz
15	483.25	487.75MHz	46	669.25	673.75MHz
16	489.25	493.75MHz	47	675.25	679.75MHz
17	495.25	499.75MHz	48	681.25	685.75MHz
18	501.25	505.75MHz	49	687.25	691.75MHz
19	507.25	511.75MHz	50	693.25	697.75MHz
20	513.25	523.75MHz	51	699.25	703.75MHz
21	519.25	523.75MHz	52	705.25	709.75MHz
22	525.25	529.75MHz	53	711.25	715.75MHz
23	531.25	535.75MHz	54	717.25	721.75MHz
24	537.25	541.75MHz	55	723.25	727.75MHz
25	543.25	547.75MHz	56	729.25	733.75MHz
26	549.25	553.75MHz	57	735.25	739.75MHz
27	555.25	559.75MHz	58	741.25	745.75MHz
28	561.25	565.75MHz	59	747.25	751.75MHz
29	567.25	571.75MHz	60	753.25	757.75MHz
30	573.25	577.75MHz	61	759.25	763.75MHz
31	579.25	583.75MHz	62	765.25	769.75MHz

地上デジタル放送用のチャンネルは、「13～32チャンネル」が割り当てられる。

第2章
地上デジタル放送を
受信するために

地上デジタル放送を受信するには

いよいよ2003年12月1日から，関東・中京・近畿の3広域圏において「地上デジタル放送」が始まる。では，現在使用しているアナログ・テレビで「地上デジタル放送」を受信するには，どのようにすればよいのだろうか。

1　UHF帯が受信できるアンテナ
2　「地上デジタル放送」受信用のチューナー
3　テレビ受像機

以上の三つは必ず必要な機器である。そして下図に示すように，新たに「地上デジタル放送」チューナーのチャンネル設定をしなければならないが，現時点ではチューナーは発売されていないので，これらについての詳細は不明である。また，チューナーではなく，これから発売される「地上デジタル放送」用テレビを購入すれば，技術的には一番簡単であるが，発売初期ではかなり高価になることが予想される。

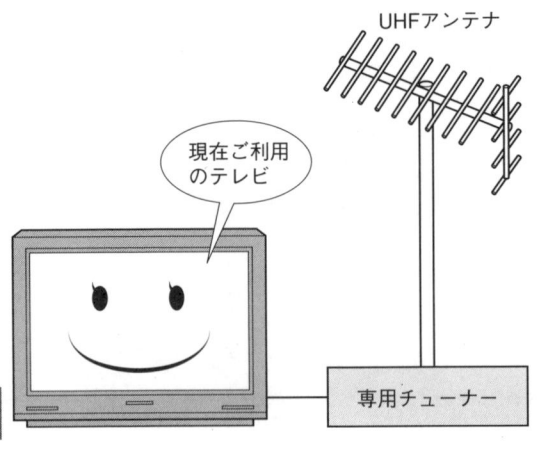

手短に地上デジタル放送を見るには，地上デジタル放送用の専用チューナーを使用すればよい。
チューナーの映像出力と音声出力をアナログ・テレビのビデオ用の入力端子に接続する。あるいはデジタル入力端子のあるテレビでは，デジタル同士の接続が可能となる。

第2章　地上デジタル放送を受信するために

地上デジタル放送を受信するための方法例

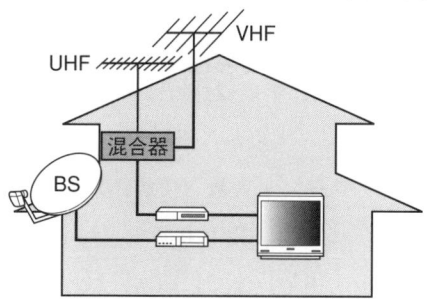

【例1】
一般的な家庭用のテレビで，衛星/地上デジタル放送を見る場合
◆BSデジタル・チューナーを取り付けます。
◆地上デジタル用の専用チューナーを取り付けます。（現在，地上デジタル用のチューナーは開発中です）
◆この場合，一般的な画質でご覧になれますが，ハイビジョンの高画質で見ることはできません。
VHFアンテナは，アナログ放送専用のアンテナです（不要な地域もあります）

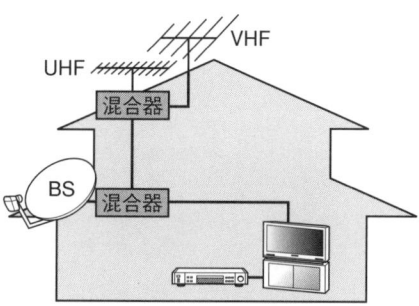

【例2】
ハイビジョン対応テレビで，衛星/地上デジタル放送を見る場合
◆BSデジタル・チューナーと地上デジタル用の専用チューナーが，テレビに内蔵されている場合を想定しています。（現在，地上デジタル用のチューナーは開発中です）
◆この場合，通常の番組や，ハイビジョン番組は高画質で見ることができます。
◆VHFアンテナは，アナログ放送専用のアンテナです。
◆デジタル対応のビデオは，ハイビジョン番組も録画再生することができます。

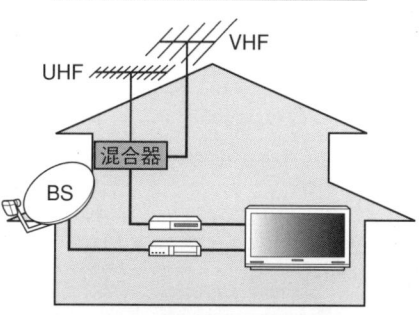

【例3】
ハイビジョン対応テレビ（D端子付き）で，衛星/地上デジタル放送を見る場合
◆BSデジタル・チューナーを取り付けます。
◆地上デジタル用の専用チューナーを取り付けます。（現在，地上デジタル用のチューナーは開発中です）
◆ハイビジョンの高画質に対応するためには，D3／D4端子接続を行います。
◆VHFアンテナは，アナログ放送専用のアンテナです。

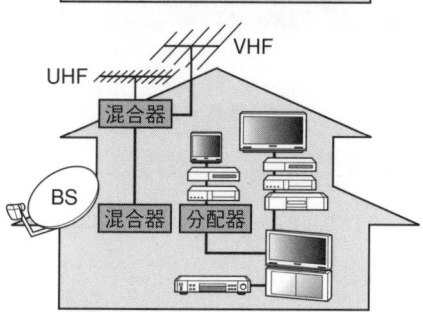

【例4】
ハイビジョン対応テレビ（D端子付き）で，衛星/地上デジタル放送を見る場合
◆BSデジタル・チューナーを取り付けます。
◆地上デジタル用の専用チューナーを取り付けます。（現在，地上デジタル用のチューナーは開発中です）
◆ハイビジョンの高画質に対応するためには，D3／D4端子接続を行います。
◆VHFアンテナは，アナログ放送専用のアンテナです。

2003年12月1日から地上デジタル・テレビ放送を開始する地域

●地上デジタル・テレビ放送は，2003年（平成15年）12月1日，関東，中京および近畿の各広域圏において，東京・名古屋・大阪から開始されます。

　東京（東京タワー）・名古屋（瀬戸のタワー）・大阪（生駒山）から行われる放送のエリアは，37ページから39ページに示すとおりです。

●その他の地域については，2006年末（平成18年）までに順次，県庁所在地等から開始される予定です。

近畿広域圏

関東広域圏

（伊豆諸島・小笠原諸島）

中京広域圏

第2章 地上デジタル放送を受信するために

東京タワーから発射される関東広域圏の受信エリア

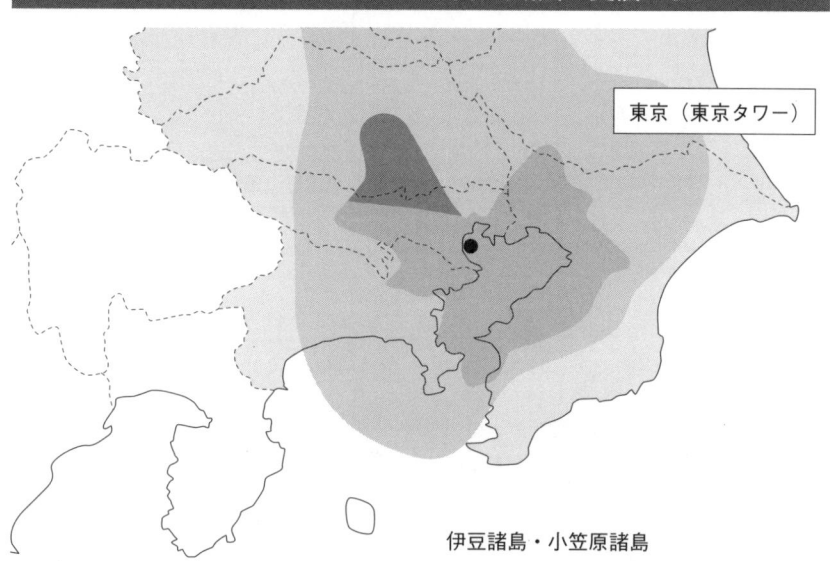

東京（東京タワー）

伊豆諸島・小笠原諸島

放送局名	リモコン番号	周波数
NHK総合	1	27ch
NHK教育	2	26ch
日本テレビ	4	25ch
テレビ朝日	5	24ch
TBS	6	22ch
テレビ東京	7	23ch
フジテレビ	8	21ch
MXテレビ	9	20ch

2003年12月1日放送開始時
　NHK総合　　　　　NHK総合，民放各局

2004年末目途
　NHK総合　　　　　NHK総合，民放各局
　放送開始時エ　　　NHK総合の放送開始時エリア
　リアに追加　　　　に追加

2005年末目途
　NHK，民放各局（最大出力時）

注1　エリアは，電波法令に規定する「放送区域」を表しており，地上10mの高さで，東京タワーからの放送波の電界強度が1mV/m以上得られる区域として算出されたもので，各局の放送区域を近似値的にまとめたものです。

注2　エリア内であっても，地形やビル陰等により電波が遮られる場合など，視聴できないことがあります。

注3　MXテレビは出力が異なるため，エリアが異なります。

1　上記表に記載された各放送局の地上デジタルテレビ放送は，現在の地上アナログテレビ放送と同様，「東京タワー」からの放送により開始されます。

2　エリアの拡大時期は，アナログ周波数変更対策等との関係で前後することがあります。

3　関東広域圏内のその他の県域の放送局についても，2006年（平成18年）までに順次，地上デジタルテレビ放送を開始する予定です。

4　関東広域圏内の中継局についても，順次設置される予定です。

地上デジタル放送のすべて

瀬戸のタワーから発射される中京広域圏の受信エリア

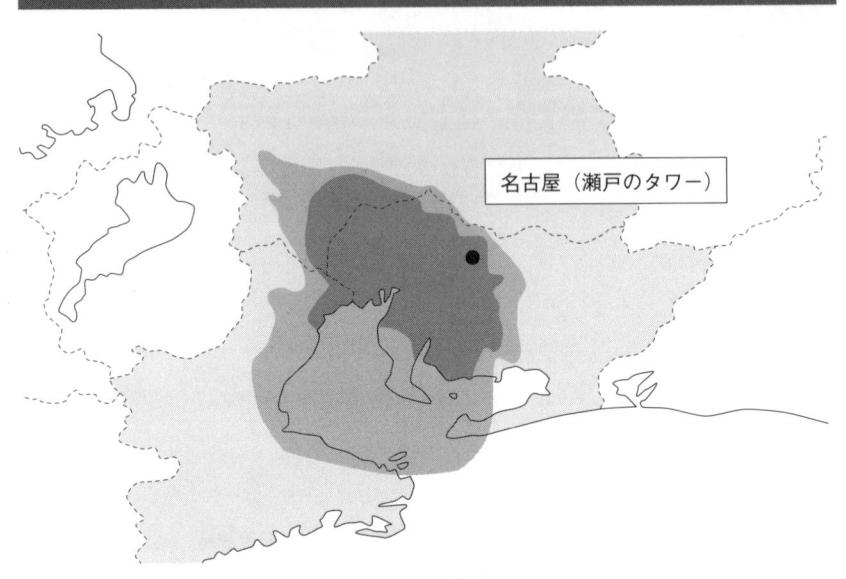

名古屋（瀬戸のタワー）

放送局名	リモコン番号	周波数
東海テレビ	1	21ch
NHK教育	2	13ch
NHK総合	3	20ch
中京テレビ	4	19ch
中部日本放送	5	28ch
名古屋テレビ	6	22ch
テレビ愛知	10	23ch

2003年12月1日放送開始時
　NHK，民放各局
2004年末目途
　NHK，民放各局（最大出力時）

注1　エリアは，電波法令に規定する「放送区域」を表しており，地上10mの高さで，瀬戸のタワーからの放送波の電界強度が1mV／m以上得られる区域として算出されたもので，各局の放送区域を近似値的にまとめたものです。
注2　エリア内であっても，地形やビル陰等により電波が遮られる場合など，視聴できないことがあります。
注3　テレビ愛知は出力が異なるため，エリアが異なります。

1　上記表に記載された各放送局の地上デジタルテレビ放送は，新設される「瀬戸のタワー」からの放送により開始されます。
2　エリアの拡大時期は，アナログ周波数変更対策等との関係で前後することがあります。
3　中京広域圏内のその他の県域の放送局についても，2006年（平成18年）までに順次，地上デジタルテレビ放送を開始する予定です。
4　中京広域圏内の中継局についても，順次設置される予定です。

第2章　地上デジタル放送を受信するために

生駒山から発射される近畿広域圏の受信エリア

大阪（生駒山）

放送局名	リモコン番号	周波数
NHK総合	1	24ch
NHK教育	2	13ch
毎日放送	4	16ch
朝日放送	6	15ch
テレビ大阪	7	18ch
関西テレビ	8	17ch
讀賣テレビ	10	14ch

2003年12月1日放送開始時
NHK，民放各局

2004年末目途
NHK，民放各局

2005年末目途
NHK，民放各局（最大出力時）

注1　エリアは，電波法令に規定する「放送区域」を表しており，地上10mの高さで，生駒山からの放送波の電界強度が1mV／m以上得られる区域として算出されたもので，各局の放送区域を近似値的にまとめたものです。
注2　エリア内であっても，地形やビル陰等により電波が遮られる場合など，視聴できないことがあります。
注3　テレビ大阪は出力が異なるため，エリアが異なります。

1　上記表に記載された各放送局の地上デジタルテレビ放送は，現在の地上アナログテレビ放送と同様，「生駒山」からの放送により開始されます。
2　エリアの拡大時期は，アナログ周波数変更対策等との関係で前後することがあります。
3　近畿広域圏内のその他の県域の放送局についても，2006年（平成18年）までに順次，地上デジタルテレビ放送を開始する予定です。
4　近畿広域圏内の中継局についても，順次設置される予定です。

第3章
地上デジタル放送
開発の記録

　以下の章は，地上デジタル放送の計画・実施の，初期から最新にいたる技術情報や国の政策を，折にふれ記録した記事を「編集・再録」したものです。その時間的経過をご考慮の上お読みいただければ幸いです。

> この章の記事は**1999年7月**に
> 讀賣テレビSHAHOに発表されたものをもとに再編集したものです

年末ぎりぎりに発表されたチャンネル・プラン原案の波紋

今放送されているテレビの電波が近い将来デジタル化されることは，放送局などに勤務している者なら誰でも知っていることだが，その実体がどうなっているのかについては，放送局やメーカーなどの関係者以外，あまり知られていない。

いや，関係者でさえわからないことだらけの状況であるのかも知れない。

郵政省（本書では以下　総務省と表記）が1998年12月25日，地上デジタル放送に使用する周波数利用計画（チャンネル・プラン）原案を初めて公表した。

これと相前後して総務省が求めていた景気浮揚対策にもつながる平成10年度補正予算を使って，全国7カ所（その後3カ所が追加され10カ所）で地上デジタル放送実験が行われることになり，大阪では12月22日に地上デジタル放送実験協議会が設立された。

ヨーロッパにおいてはイギリスBBCが1998年9月23日から地上デジタル放送を開始し，一方アメリカでも同年11月1日から放送を開始した。

我が国の地上波テレビ放送のデジタル化が欧米に遅れたことから，焦りにも似て追いつめられた立場の政府・総務省が年末ギリギリに間に合わせてチャンネル・プラン原案を発表したことは，関係方面で大きな騒ぎに発展した。

イギリス，アメリカのデジタル方式と違って移動体受信もでき，一つの周波数ですべての中継局まで同一周波数中継が可能なSFN方式を採用する日本のデジタル方式は，理論的には見事で電波資源の不足した中での救世

主的存在でもあった。

しかし，現状の電波資源不足は想像以上であり，現在使用中の電波の周波数変更を伴うことが判明したこと，1千万世帯が影響を受ける対策費用としての1千億円を誰が負担するのかという点で，総務省は窮地に追い込まれた。

政府・総務省が突如，周波数割振りの先送り発表

一方，設立された地上デジタル放送実験協議会は，我が国のデジタル放送方式の技術的実証実験と確認，新しい可能性を秘めた実験部隊として1999年の春から具体的活動を開始した。

スタジオ放送設備，生駒送信所や中継局，移動中継局など50億円近くをかけた実験設備が3月末には完成し，6月からは生駒，北淡垂水，姫路の送信所から試験電波を発射し，混信妨害調査と対策に追われた。

本格的な実験が開始される8月を目指して対応に追われる中で，突如，政

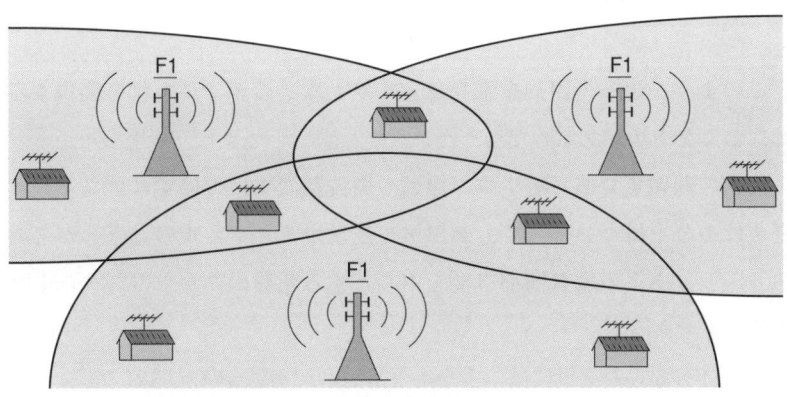

一つの周波数ですべての中継局まで中継が可能なSFN方式の概念

府・総務省は6月29日にチャンネル・プランの周波数割振りの先送りを発表した。

　総務省の発表は，全国一律の周波数利用計画策定をあきらめ，全世帯の6割をカバーする主要局については2000年4月を目途に，その他の局については2001年末までに，新たな利用計画をまとめるというものだ。

　これによって，2000年から首都圏を中心に試験放送を開始するという構想は不可能となった。ただし，2003年から全国の主要都市圏で開始予定の本放送計画は崩していない。

　それにしても，何が原因でこのようなことになったのだろうか？

　一つには，1998年末に総務省が発表したチャンネル・プランを実現するためには，現行のアナログ放送で使っている多くの周波数を変更しなければならないこと。

　もう一つには，親局から中継局まですべてを同一周波数で放送するというSFN方式の実現が，極めて困難なことである。

デジタル化実現への最良策はSFN方式の見直し

　このような幾多の困難を乗り越えて地上放送のデジタル化を実現するには，どんな方法があるのだろうか？

　最初の問題点であるアナログ放送の周波数変更については，ある程度の変更はやむを得ないとしてもデジタル放送用チャンネルの見直しが必要であり，取りあえずは全国都市圏を中心とする親局のみからのスタートを考えるべきである。

　次のSFN方式の実現には，少なくとも三つの方法が考えられる。

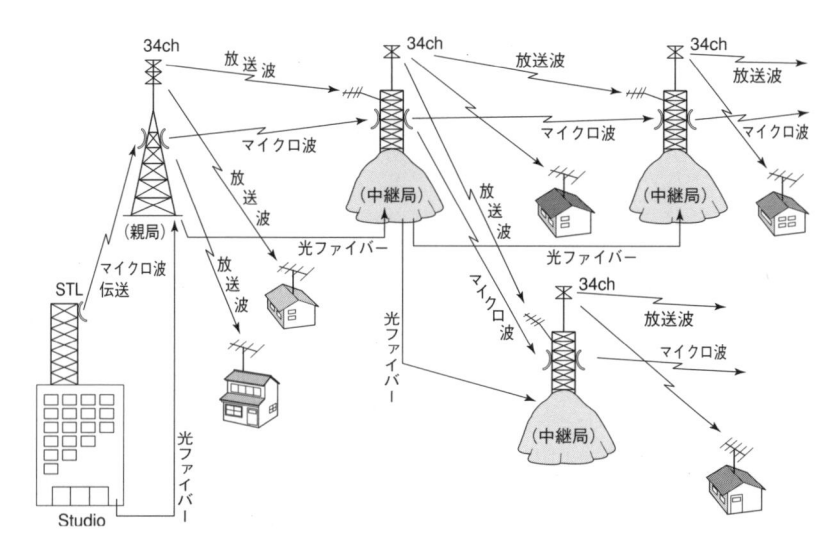

第3章　地上デジタル放送開発の記録

三つの方法があるSFN放送方式

　一つは放送波中継であるが，これこそ実現が極めて困難なもので，ミニサテ局以外の中継局では特殊な用途を除いてほとんど実現はむずかしい。

　二つ目はマイクロ波を使って番組を中継局に送る方法だが，周波数資源の不足と全中継局にマイクロ波中継するためには，親局（生駒局）アンテナの他に無数のパラボラの設置が必要となり，経費の面ばかりでなく物理的にも実現はむずかしい。

　三つ目は，光ファイバーを使って全中継局に番組を伝送するものだが，山間部の奥地に建てられた中継局までの光ファイバー敷設は膨大な建設費とランニング・コストがかかり，採算がとれないばかりでなく，災害時のケーブル切断なども考えられることから実現はむずかしい。

　では，どうすればよいのだろうか？　総務省が考えているSFN構想を変更し，二つの周波数を交互に使用するDFN方式に切り換える以外に最良策

はない。

しかし，それでなくても周波数資源の不足している現状を考えると，総務省もそうは簡単にSFN方式を撤回することはできないのではないだろうか。

新技術の開発は"必要の母"　デジタル化の必要性

ところで，デジタル化はなぜ必要で，何のメリットがあるのだろうか？

人それぞれ，考え方や生活条件が違うことから大変むずかしい問題でもある。

ただいえることは，テレビ放送が始まって既に50年近い年月が経過した中で，デジタル技術を中心としたコンピュータ，IC，伝送，記録媒体の急速な発展によって，社会全体が回り始めたことである。

会社の事務処理・管理全般においてもコンピュータ処理は欠かすことができない状況にある。

ラジオ，テレビがアナログであっても何の不自由もないといえばそれまでだが，メーカーにとって生産手段におけるコスト・ダウンを図るにはデジタル化が不可欠となっている。

それに，まだ今は必然性を感じていない人々も，テレビをゴーストなしで見られるとなれば，少しでもゴーストがある従来の映像に対しては，不満が噴き出すに違いない。

「必要は発明の母」といわれるが，21世紀は「発明や新技術の開発は必要の母」ともいわれる時代であり，社会なのだ。

テレビの買い替えや放送設備の更新など，一時的な負担は乗り越えなけ

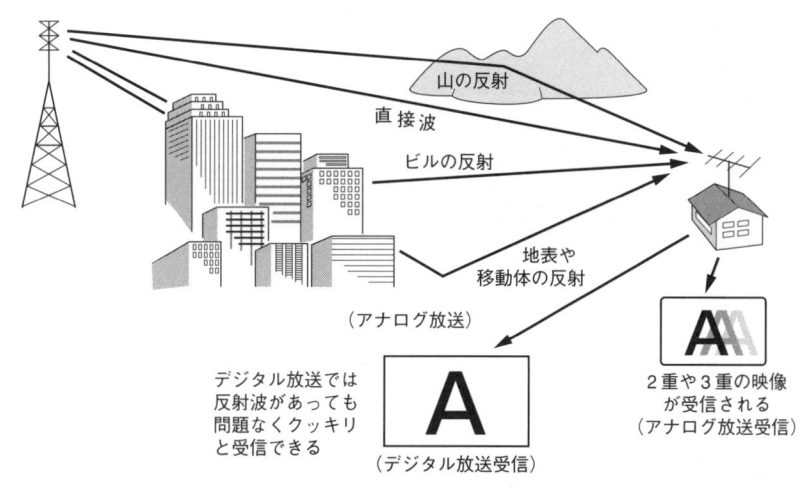

ゴーストと呼ばれる何重にもなった受信画像とゴーストのない鮮明な画像の比較

ればならない山でありハードルでもある。しかし，そこには想像以上の新しい世界が展開し，社会基盤や我々の生活基盤にも大きな変革をもたらすに違いない。

8月スタートの実験に向けて関西放送界パワー結集

1998年末に設立され，1999年4月からスタートした実験協議会は五つの実験部会（スタジオ部会，親局部会，中継局部会，移動中継局部会，マルチメディア部会）が立ち上がり，8月からスタートする本格実験に向けて準備を進めている。

協議会に参加の80社近い会員社から，実験部会員として150名を超える参加があり，それぞれの部会ごとに実験計画のスケジュール調整を行っている。

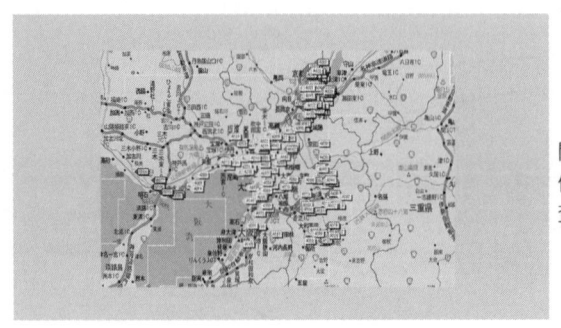

関西/生駒，北淡，姫路の送信所から行った混信・妨害調査

　6月中旬には，讀賣テレビ本社1階ホールを5日間借り切って開催した技術セミナーは，部会員のレベル・アップと統一を目指して行われ，連日150名近い参加者が熱心に聴講し，関西放送界のパワーを見せつけた。
　7月末の完了を目指して実施中の生駒，北淡，姫路の送信所からの混信・妨害調査と対策のための試験電波発射も最終段階を迎え，予定どおり今月末には実験チャンネルが解放され，8月から自由に使えるようになると考えている。
　スタジオ部会では，東京送出センターからの光ファイバーによる全国回線網を使って番組の送受信を行うほか，マルチ・チャンネルとしての番組送出やHDTV番組の送出，番組切り替えやCMの差し替えなど，デジタル放送のスタジオ設備のあり方を検証するための実証試験と技術の習塾を目指した実験が行われている。
　送信関係の3部会では，ホットな話題で新聞紙上を賑わせているSFN中継，放送エリアの確認，移動実験など伝送上の諸問題について実証実験が行われている。
　これらの実験によって今問題となっているチャンネル・プランや中継局のあり方が明確になり，今後の置局問題にとっても貴重なデータが得られ

るものと期待されている。

　マルチメディア実験では，EPGと呼ばれる電子番組ガイド，データ放送を中心とした自治体情報，天気，災害警報などのほか，インターネット情報などの利用，ショッピング，ゲーム，クイズ…など数多くのアイデアに基づく実験が考えられている。

日本のデジタル・テレビはOFDM方式で急速に普及!?

　全国10箇所で繰り広げられる実験は，それぞれの地域において個性ある成果と実験結果をもたらすであろう。既に放送を開始している欧米に比べて，数年の遅れを見せている日本の地上デジタル放送はどうなるのであろうか？　1998年9月23日から放送を開始したイギリスでは，受信世帯も少なく番組ソフトの不足と，日本人ほどにテレビに依存していないということから普及はそれほど早くはないであろう。

　一方，アメリカにおいては70%近くがケーブルによる受信であることと，

8VSBと呼ばれる地上デジタル放送の伝送形式の概念

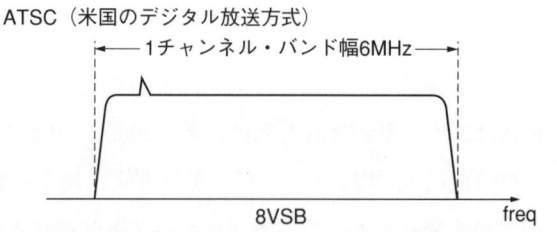

ATSC（米国のデジタル放送方式）
1チャンネル・バンド幅6MHz
8VSB
freq

現行のアナログ・テレビ放送と同じシングル・キャリアを使っており，VSB（単側波帯）変調を行うが，このキャリアをデジタルで変調するもの。
データ量を多くするために8値の振幅幅レベルと位相変化でデジタル変調することから8VSB方式と呼ばれる。
ゴーストに弱く受信は固定受信しかできないがHDTVやSDTVの放送ができ，設備や受信機のコストが安くなる。

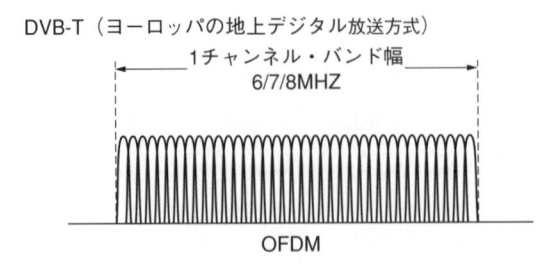

```
DVB-T（ヨーロッパの地上デジタル放送方式）
  ←―― 1チャンネル・バンド幅 ――→
           6/7/8MHZ
```

DTVで採用されている
OFDM方式の概念

OFDM

数千のキャリアを使って、それぞれのキャリアを振幅と位相を変てデジタル変調する方式。
ゴーストにも強い放送方式で日本の放送方式はこれをベースに改したもの。HDTVや多chのSDTVの放送が可能。
デジタルの変調方式を変えることでノイズにも強くサービス・エアを広げることもでき、移動体受信も可能となる。

　地上デジタル放送の伝送形式が日本やイギリスとは異なり，8VSBと呼ばれるゴーストに極めて弱い方式であるため，室内受信はおろか屋外のアンテナ受信でもゴーストによって多くの地域で受信できない状態にある。アメリカでは今，放送方式の再検討と積み残した技術基準の導入，CATVのデジタル化が求められており，通常のアナログ放送の受信はイギリスと同様，少ないのが現状である。

　1998年の放送開始時に，クリスマス商戦を目指した受像機は8千ドル〜1万ドル近い高価格であったため，ほとんど売れなかったことから1999年は3千ドルの受像機を中心にクリスマス商戦が展開される。日本の地上デジタル放送はスタートが遅れたとはいえ，2000年のBSデジタル放送の開始と優れたOFDMと呼ばれるデジタル変調方式に加え，テレビ好きな国民性とCATVの未発達もあって，欧米に比べても比較にならないスピードで普及が進むものと考えられる。我が国の放送は，衛星や地上デジタルの普及が早ければ早いほどさらにCATVの普及が遅れ，やがて外国の巨大なメディアの枠内に取り込まれることになるのかもしれない。

第4章
BSデジタル放送がスタート

> この章の記事は**2000年1月**に
> 讀賣テレビSHAHOに発表されたものをもとに再編集したものです

2000年12月にBSデジタル放送がいよいよスタートする

今や千数百万世帯が受信するに至った日本の衛星放送BSは，民放5系列のキー局5社，NHKほかを合わせた8社によって新しくデジタル放送を開始する。

CSによる300チャンネル近いデジタル放送が1996年から既に始まっているが，番組ソフトや衛星軌道位置のほか，いくつかの問題を抱えていて未だに普及は数十万世帯のレベルにある。

その意味でも，BSのデジタル化は我が国における本格的なデジタル放送の幕開けとなる。アナログ放送で驚異の普及を見せた日本のBS放送は，強力なソフトを持ったキー局の参加によってデジタル放送開始とともに急速な普及が予想されている。

衛星（BS，CS）のデジタル化と共に地上波のデジタル化は，既に欧米を中心に開始されており，放送のデジタル化は国際的な流れであり，我が国

> BSとは放送衛星の略称で，CSは通信衛星の略称である。衛星利用の当初は，CSは通信用のみに使われることが多かったが，最近では放送業務も行うようになっている。
> 　我が国の放送衛星にはアナログ放送用とデジタル放送用があり，アナログ放送を行っているBS衛星BASAT-1aと，デジタル放送を行っているBSデジタル衛星BSAT-2aが東経110度に打ち上げられて，アナログとデジタルの放送をそれぞれが行っている。
> 　CSを使った放送衛星の中で，放送衛星と同じ東経110度に打ち上げられ，多チャンネルのデジタル放送を行っている110度CSがある。
> 　別に，東経124度，128度の位置に打ち上げられて多チャンネルデジタル放送を行っているスカイパーフェクトTV衛星のJCSAT-3，JCSAT-4Aがある。

BS/CS衛星の概念

にとっても急務でもある。

　さらに，日本のBSデジタル放送開始に続いて，同じBS軌道位置にCS（スーパーバード）が打ち上げられ，CSデジタル放送も開始されようとしている。

　赤道上空，東経110度の位置で放送されるBS・CSデジタル放送の普及は，地上放送にも多大な影響を与えずにはおかない。

　2003年から開始予定の地上デジタル放送は，情報化社会の最大の基幹メディアとして生き残るため，新しい装いでスタートしなければならない。

　インターネットの急速な発展は，情報化社会の産業革命として人類が迎えた初めての試練なのかもしれない。

地上デジタル放送の現状

　我々の地上放送は今後どのように変わって行くのだろうか。現在，進められている地上デジタル放送実験の現状と問題点を述べ，今後予想される情報化社会を考えてみたい。

　1999年4月，地上デジタル放送のチャンネル・プランが確定する。本来は1998年6月にまとまる予定であった親局チャンネルの決定は，現在のアナログ放送のチャンネル変更を極力抑え，デジタル放送との混信妨害も考慮した費用面も含め，最良のプランを構築することから延期されたものである。

　ご存知のように，日本では狭い国土の中に1万5千局に及ぶ放送局があり，VHFからUHFまでテレビ・チャンネルはほとんど使われているため，チャンネル・プラン構築にあたってはコンピュータを利用した長時間のシミュレーションが必要となる。

親局のチャンネル・プラン確定に続き，2001年には中継局も含めた全国のチャンネル・プランが確定する。しかし，このチャンネル・プラン策定には，デジタル実験による置局のための電界調査などが不可欠であり，1998年から始まった全国10地区の実験は，これらの貴重なデータも提供することになる。

日本のデジタル方式と欧米方式の違い

日本のように空きチャンネルのほとんどない状況の中では，周波数資源を有効利用できる技術の開発が必要となる。

現在の技術の中で，与えられた周波数帯域を最も有効に利用できる放送方式といえばOFDMである。

日本とヨーロッパではOFDM方式が採用されており，アメリカでは現在のアナログ方式と同じ8VSB方式が使われている。

日本とヨーロッパが採用した方式が，どれほど優れたものであるかをわかりやすく説明したい。

通常，デジタル信号はテレビが二重像に見えるようなゴースト妨害（マルチ・パス）にはきわめて弱い。ところがOFDM方式はデジタル伝送方式の欠点を補い，マルチ・パスにもきわめて強い特徴を持っているだけでなく，OFDM方式は同じ周波数を使って放送波中継を行うSFNが可能となる。

たとえば讀賣テレビが近畿一円に182局の放送局（中継局）から放送するためには，それぞれの違った周波数（チャンネル）を必要とするのに対し，これは極論だがOFDMでは同一周波数を使ってすべての中継局からの放送が可能となる。さらに，ちょっと工夫することで移動体での受信も可能と

なる。

　これに対して，アメリカのデジタル方式はゴーストにきわめて弱く，SFNによる中継はおろか移動体受信もできない。このため，アメリカでは多くの地域で受信に苦労しており，CATVの対応も遅れていることから地上デジタル放送の普及は予想を下回り，進んでいない。

　アメリカでは現在の8VSBと呼ばれる放送方式から，日本やヨーロッパの方式に変更すべきだとの議論も出始めており，受信機の改善によって受信は可能だとするメーカー，FCC（アメリカ合衆国連邦通信委員会）との間で物議が続いている。

ガード・バンドとはどんなものか

　では日本のデジタル方式であるOFDM方式とはどのようなものだろうか。
　OFDM方式を日本語に直すと「直交周波数分割多重」となる。これは専門用語なので，簡単にいえばテレビに割り当てられた1チャンネルの帯域の中に何千個ものキャリアを立てる方式で，これが秘密兵器としてすばらしい能力を発揮する。
　日本のOFDM方式には三つのタイプが用意されていて，このキャリア数が1,500個から3,000個，6,000個までがある。
　テレビの1チャンネルの周波数帯域幅は6MHzなので，1,500個のキャリアではキャリアの間隔は4kHzとなり，6,000個では1kHzとなる。このキャリア間隔の逆数がシンボル長といわれるデジタル信号を乗せるデータ長になる。
　シンボル長はキャリア間隔が4kHzでは250マイクロ・セカンドであり，2kHzでは500マイクロ・セカンド，1kHzでは1,000マイクロ・セカンドとな

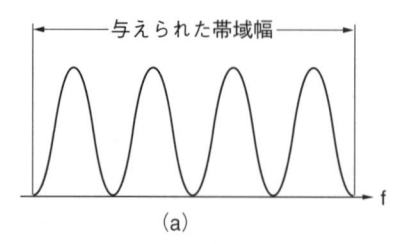

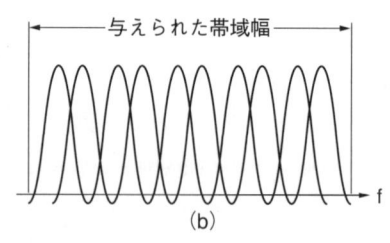

与えられた帯域幅の中に1本のキャリアに乗せる情報を互いに混じりあわない程度にできるだけキャリア間隔を詰めて並べて、少しでも多くのキャリアを立てることが多くの情報を送ることになる。((a)図参照)、これがFDM（周波数分割多重）であるが、情報が混じりあわずに正確に情報が取り出せるなら、キャリア自体は重なってもよいことになる。
(b)図のようにキャリアの中央で他のキャリアがゼロ値になっていれば、逆フーリエ変換とフーリエ変換というものを使って情報を取り出すことができる。
この状態をキャリアの直交した状態、すなわちゼロクロスという。
OFDM方式は、与えられた帯域幅の中で可能な限りのキャリアを立て、多くの情報を送ることのできる技術である。直交した周波数を与えられた帯域幅の中で最大限に詰めて乗せることができるのがOFDM（直交周波数分割多重）方式である。

「直交周波数分割多重；OFDM方式」の概念

る。このシンボル長の1/4をガード・バンドとして利用すれば、デジタル信号を乗せるデータ長は減るが、ゴースト妨害を取り除くばかりか同一周波数による放送波中継（SFN）と置局対策にとって有効なものとなる。

　総務省が進めるチャンネル・プランでは、キャリア間隔1kHzでは250マイクロ・セカンド、2kHzでは125マイクロ・セカンドのガード・バンドが得られることを根拠として検討が進められている。

　250マイクロ・セカンドのガード・バンド（正確には252マイクロ・セカンド）なら中継局の置局間隔は75kmまで可能であり、125マイクロ・セカンド（正確には126マイクロ・セカンド）なら37.5kmまでとなってしまう。

　しかし、ガード・バンドを長くとれば情報量がそれだけ削られ、HDTV放送はむずかしくなる。また、移動体通信において250マイクロ・セカンドのガード・インターバルでは受信はむずかしくなるが、総務省はチャンネル・プラン作成を最優先課題として、当面は250マイクロ・セカンドでの対

応を考えている。

　ガード・バンドに絡むもう一つの課題は，同一周波数を使ったSFNによる放送波中継である。この技術は，まさに最新の技術を駆使した世界初の放送ネットワーク技術なのである。

登場する新技術

　1998年8月から始まった近畿地区でのデジタル実験では，生駒送信所からのUHF 15chによる電波を淡路島の北淡垂水中継局で受信して同じ15chで送信，さらにこの電波を姫路中継局で受信して再び15chで送信するSFN実験を10月末に実施し，全国に先駆けて成功した。

　とはいっても安定した放送波中継ができたわけではないが，予想以上の成果であり将来に結びつく技術をクリアーしたことは間違いない。

　SFN放送波中継を実現するには，自局の出した電波を自局で受ける回り込みを起こすことのないようキャンセラー技術の開発が不可欠となる。こ

生駒送信所からのUHF15chによる電波を淡路島の北淡垂水中継局で受信し同じ15chで送信，さらにこの電波を姫路中継局で受信して再び15chで送信するSFN実験のようす

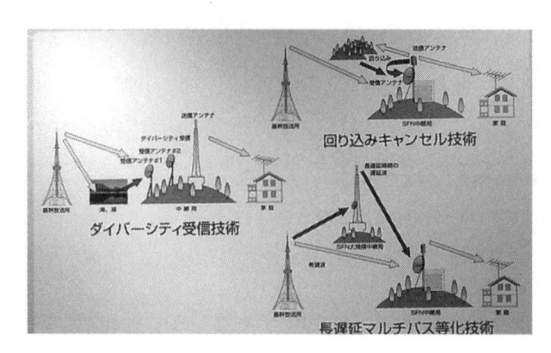

回り込みキャンセラーなどの中継技術（2002年　NHK技研公開から）

れを多段中継するには，信号の劣化を改善するいくつかの技術が必要となってくる。

　回り込みキャンセラー技術だけに限れば，1998年6月の技研公開ではNHKが試作機を公開展示し，秋の国際放送機器展ではJRC（日本無線）が発表を行った。

　1999年11月の国際放送機器展には，JRCの製品展示と共に，東芝が「回り込みキャンセラー」のほか多段中継によって発生する「ゴースト歪み除去」装置，中継放送機の特性を改善する「非線形歪み除去」装置，多段中継で発生する「RF振幅特性歪み除去」装置，さらに1台の中継放送機で5波のデジタル信号を同時増幅して放送できる「高品質OFDM変調波多波増幅」装置などを出展，また，放送波を使った素材伝送技術でも新提案を行い，放送関係者から大きな関心を集めた。

　テレビ局のデジタル化に際しては，送信所関連だけで1社平均数10億円もの費用が必要といわれる中で，コスト・ダウンにもつながる技術の登場も注目しなければならない。

　これらの新技術を使って1999年3月からNHK，メーカー各社による実証実

験が全国に先駆けて近畿地区で実施される予定である。

2004年に何かが起きる

　2000年12月のBSデジタル放送の開始に続いて，2003年末には3大都市圏で地上デジタル放送がスタートし，その翌年，本格的情報家電が登場する。

　これは電子機械工業会（EIAJ：2000年11月1日より社団法人電子情報技術産業協会 JEITAとなった）が以前から唱えていることであり，統計上の推定から家電製品，特にテレビの大幅な買い替え需要の時期に当たる。統計上の推定でなくても，昨今の家電製品の進歩は急速であり，BSのデジタル化，地上デジタル放送の開始を目指してメーカー各社は開発に凌ぎを削っている。

　特にインターネット関連の情報家電は止まるところを知らず，コンピュータを意識しないで使いこなせる家電の登場でインターネットの利用が進み始めている。

　現在のブラウン管を使った大型テレビも，一般家庭では32型までが限度であり，それ以上になると100kg近い重量と大きな容積が居住空間を占拠するため，売れ行きも頭打ちとなる。

　これに対して現在開発が進められている壁掛けテレビは，液晶からプラズマ，プラズマトロンなど，改良型も含めて視野角も広くて明るく鮮明なものが開発され始めている。恐らく，2004年には壁掛け型テレビがブラウン管型テレビに取って替わり，リビングや応接室では大画面の壁掛けテレビが見られるようになって，やがて住宅やライフ・スタイルにも大きく影響を与えるようになるに違いない。

デジタル家電は何をもたらすか

　放送のデジタル化以上に，デジタル化の進んだ家電製品はどのように変わって行くのだろうか？

　情報家電と呼ばれる家電のデジタル化の中で，最も劇的な変化を見せるのはテレビである。

　ディスプレイとしての壁掛け型テレビについては既に述べたが，記録媒体としてのカセットVTRでいえば，テレビに内蔵されたハード・ディスクが主流となってくる。

　既にハード・ディスクはパソコンの記憶装置としてなじみ深いが，放送機器においてはCMバンクや編集装置，グラフィックス装置，バーチャル・システムや送出装置まで，数多くの装置に使われている。

　このハード・ディスクがテレビに内蔵されると，一日中連続録画しなが

CRTディスプレイ，液晶ディスプレイ，そしてプラズマ・ディスプレイ

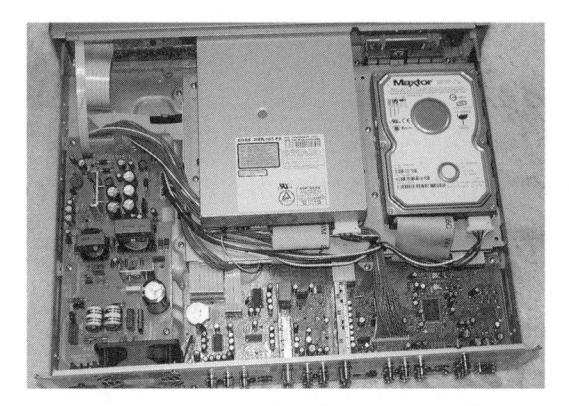

第4章　BSデジタル放送がスタート

ハード・ディスク内蔵DVDレコーダー

ら同時に自由に再生することが可能となる。

　瞬時に見たい画面や好みの番組をまとめたり，編集することだって自由自在に行える。

　テープのようにCMを飛ばして録画しなくても，再生時に瞬時に行えるから，すべてを記録してもまったく問題はないし，逆に自分の好みに合ったCMだけを取り出して見ることも可能だから，CMのあり方まで変わってしまうかも知れない。

　1998年，アメリカで登場したハード・ディスク録画装置は，TIVO社とREPLAY社から発売され，28時間の収録が可能である。前者はソニー・アメリカ，後者は松下電器が技術提携しており，ソフト業界にとっても将来有望な伝達手段であることから，アメリカ・ネットワークのCBS，NBC，ディズニー，タイムワーナーなどの大手メディアが投資提携を決めている。

　アメリカの電気・電子工学会が規格化したIEEE1394と呼ばれる世界的な技術によって，現在のテレビやステレオ，カメラ，VTRなどを多数のケーブルでつなぐ複雑な処理から解放し，1本の光ケーブルかワイヤーをつなぐ

だけですべての家電製品がネットワークを構成し，自由に操作できるものとなる。

まったく専門知識がなくても家電製品を自由に使いこなせる技術の開発は既に実現しており，2004年の大型買い替え需要期には多くの家電製品で利用がより一層進むと考えられる。

放送の世界はどう変わるか

インターネットの急速な普及と発展が放送の世界に大きなインパクトを与えていることは間違いない。

CATVが70%まで普及したアメリカにおいても放送のデジタル化に対応するCATV業界は，多大な設備投資に頭を抱えている。

一方，一時はパソコンがテレビ化すると思われていたが，その方向は薄れ，インターネットと直接結びつく情報家電製品の開発が行われるに至って，放送の世界にも新たな衝撃を与えることになる。

番組ガイドから視聴者の好みの番組を見つけ出し，自動録画する機能を

高速デジタル・インターフェースの規格であり，i.LINKとも呼ばれるもので，本来はコンピュータのMPUとハードディスクなどの蓄積装置やプリンタなどの周辺装置との間のデータのやりとりを標準化したものだが，これを家庭用の情報家電機器間のデータ転送としても用いられるようになってきた。

このi.LINKを家電製品とブリッジ接続することで，たとえばテレビを見ながらDVDやカメラ，D-VHSといった機器をコントロールし，記録・再生することができるようになった。

IEEE1394の概念

組み合わせれば，テレビ番組のタイム・シフト視聴が容易になる。

　タイム・シフト視聴が容易になれば，視聴率の把握もむずかしくなり，視聴時間帯によって広告料金を変える従来の広告ビジネス体系が揺らぐ恐れがある。

　不特定多数の視聴者に向けた「マス広告」から，放送が視聴者と双方向のやりとりを可能にする広告サービスの提示，EPGや放送画面にバナー広告の表示を行い，クリックすると広告映像が現れ，資料請求や製品購入が可能となるような，視聴者にターゲットを絞った新しい広告ビジネスも考えられる。

　放送のデジタル化による多額の設備投資が求められる中で，放送の世界が従来の枠を越えて動き始めたとき，サバイバルな試練がそこにある。

　デジタル放送時代を迎えるに当たり，BSのデジタル化と地上デジタルの現状に触れながら，国の放送政策と新しく登場する放送技術から見た放送の姿を予想した。

　さらに，情報家電としてのデジタル家電製品が，生活環境まで変えてしまうであろうことを述べたが，果たしてそうなるのかは定かでない。

　しかし，21世紀は心の時代の到来とも考えられるので，先進のヨーロッパを見習い，心を大切にする文化の育成が必要となるのではないだろうか。

EPGの概念	画面で容易に閲覧することができる電子プログラム・ガイドのこと。 　番組タイトルや開始・終了時間のほか，番組のあらすじなどの詳細情報も同時に表示する。また，見たい番組の予約や録画の設定もクリック操作で実現する。 　デジタル放送の機能の一つで，セールス・ポイントでもある。

第5章
BS/CSデジタル放送

地上デジタル放送のすべて

> この章の記事は2000年4月に讀賣テレビSHAHOに発表されたものをもとに再編集したものです

いよいよ始まったBS/CSデジタル放送

　放送のデジタル化が世界的な流れとなっている中で，日本は1996年から始まったCSのデジタル放送に続いて，2000年12月からBSのデジタル放送がいよいよ開始される。

　CSのデジタル放送は，開始以来3年半で加入者数が約210万件に達しているものの，ほとんどが有料放送であることに加え，放送チャンネルが300チャンネル近くになったものの，従来のアナログ放送からデジタル放送に変えただけの専門放送であり，一部のデータ放送を受信している視聴者を除けば一般視聴者にとってデジタル放送での特長は実感していない。

　2000年12月から始まるBSデジタル放送ではハイビジョンにも優るHDTV放送や，現行・地上放送の画質を越えるSDTVの多チャンネル放送と共に，

　HDTVは，高精細度画像のテレビをいう。有効走査線数1,080本のインターレース方式の現在のハイビジョンはこの方式である。正式には「1080i」方式と呼ばれている。
　ほかに，有効走査線数が720本のプログレッシブ方式もHDTVの中に入る。正式には「720i」と呼ばれている。
　SDTVは，標準精細度画像のテレビをいう。有効走査線数480本のインターレース方式（現在放送中のテレビと同じ）と480本のプログレッシブ方式である。
　SDTVは，正式には「480i」と「480p」の二つが国際的に決められている。
　※インターレースとは「飛越走査」，プログレッシブは「順次走査」のことで，走査方式の違いによるものである。走査線の数が同じならプログレッシブのほうが精細度（垂直方向）が高くなる。

HDTVとSDTVの概念

第5章　BS/CSデジタル放送

　インターネットと組み合わせた新しい電子商取引による通信販売や，映像や音声，ゲーム・ソフト，情報通信，銀行口座のテレビ・バンキングなどの独立データ放送が可能となる。

　今や，1500万世帯が受信するに至ったBS放送は，民放5系列のキー局5社にNHK，WOWOW，スターチャンネルを加えた8社によって新しくデジタル放送が開始されることから，2000年は日本におけるデジタル放送元年ともいわれている。「1千日で1千万世帯の普及」を目指すBSデジタル放送は，本放送に先立って7月の沖縄サミットや9月15日から始まるシドニー・オリンピックをBS予備衛星を使って試験放送する。

　既に3月15日からは受信機メーカーのデジタル・デコーダ（IRDまたはSTBと呼ばれる）の開発用試験電波の発射を開始した。

　2003年から開始予定の地上デジタル放送にとっては，BSの急速な普及で多大な影響を受けることが十分に考えられる。我々が最大の基幹メディアとして今後生き残るためには，地上デジタル放送で何を考えればよいのだろうか。

　放送のデジタル化は，放送側にとってもさまざまな試練が待ち受けている。しかし一方，視聴者側にとってデジタル化は何をもたらし，どのような生活上の変化を与えるのかも知りたいところである。

　そこで，ここでは放送側や視聴者側から見て，放送のデジタル化がもたらす意味を考えてみたい。

放送側にとっての課題

　地上波テレビ局の立場から見てBSは，キー局のように直接運用するわけ

ではないため，準キー局として番組面での協力などは考えられるが，それより大切なことは，何といっても地上デジタル放送への対応と対策である。

既に述べたことだが，アメリカの25分の1しかない日本の狭い国土の中に1万5千局もの放送局があり，VHF帯からUHF帯までのテレビ・チャンネルはほとんど使われてしまっている。

このような状況の中で，2003年の放送開始に向けてこの2000年4月，総務省は親局のチャンネル・プランを確定する。

現在放送中のアナログ・テレビ放送（現行のテレビ放送）は，デジタル放送が全国に十分普及するまで継続されるため，デジタル放送との混信を極力防ぐためのチャンネル変更が全国的に必要となる。

アナ・アナ変換が最初の関門

地上デジタル放送にはUHFチャンネルが割り当てられるため，このチャンネルがアナログ・チャンネルと重なったり，隣接すると従来のアナログ放送が受信できなくなったり，見えにくくなったりする。

そのため，現行のアナログ・テレビのチャンネルを別のチャンネルに変更し，妨害を減らす対策がアナ・アナ変換といわれるものである。

今まで見ているテレビのチャンネルをデジタル放送のために変更すると，一般家庭でのチャンネル設定が必要となる。

だが，最近のテレビ受信機はチャンネル設定が面倒で，素人には簡単にできないため，電気屋さんに依頼しなければならなくなってしまう。

地上デジタル放送が開始される2003年までに，現在のアナログ放送チャンネル（特に中継局が多い）の変更によって影響を受ける世帯は全国で5〜

第5章　BS/CSデジタル放送

600万世帯に達し，家庭のテレビやビデオのチャンネル変更を業者に依頼した場合，1,000億円近い費用が必要になるといわれている。今，この費用を誰が負担するのかが問われている。

　放送局にとっても，チャンネル変更しなければならない送信機の交換を当事局だけで負担することにも問題が発生する。

　しかし，本放送開始までに解決しなければならないのは，アナ・アナ変換問題ばかりではない。

家庭用テレビ・ブースターの対策

　テレビが一家に1台の時代から，平均3台のテレビを持つ時代となった今，家庭内のアンテナ・ケーブルは各部屋に敷かれており，さらにビデオの接続まで含めた多分配を行うためには，受信電波を増幅するブースターの設置が必要となる。

　今では，多くの家庭でブースターが使用されており，これに加えてサービス・エリア外の場所でテレビを受信する家庭も多くなっているため，アンテナ直下にも専用ブースターを取り付けて受信されている。2003年になって，現在の放送に加えて，新たにデジタル放送が行われると，このブースターがたちまちトラブルを起こすことになる。

　デジタル放送の電波が特別に強力なわけではないが，今までのアナログ放送に加えてデジタル放送も含めた2倍近い数の電波を受信し増幅するには，現在のブースターではあまりにも力不足で，増幅器が飽和し，場合によっては発振してしまうため，現在の放送までも受信できなくなることが十分考えられる。

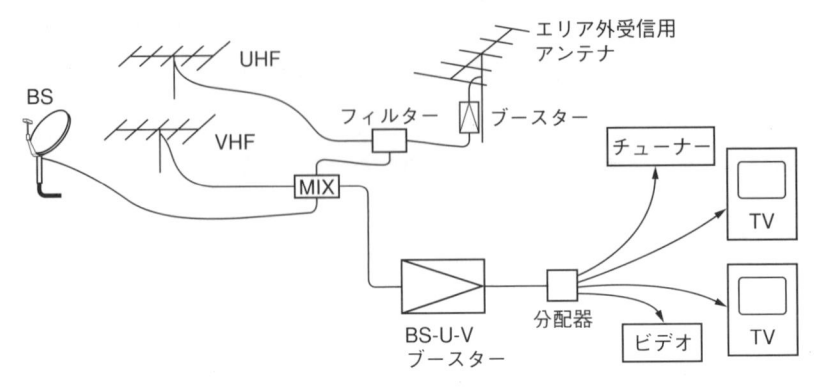

一般の家庭で使われているTV用受信ブースターの例

　一般家庭だけではなく，マンションや学校，病院，ホテル…などの設備でも同様の問題が発生する恐れは多分にある。
　ブースターで発生する障害問題は，現在，少しづつ関係者で問題提起され始めているが，本放送開始までに解決しなければならない大きな問題の一つである。

中継局の置局に問題はないか

　2003年に親局からスタートするデジタル放送に続いて，中継局からの放送では何が問題となるのだろうか。
　前にも述べたが，日本の地上デジタル放送は，周波数資源の有効利用も考えて同一周波数による放送波中継，いわゆるSFNといわれる方式が基本方針となっている。
　さらに，中継局の設置場所は，現在のアナログ中継局に併設することを想定した計画が考えられている。

近畿地区におけるこれまでの実験や技術的検討を通じていくつかの問題が浮上し，解決策もまた見え始めている．

たとえば，讀賣テレビの生駒送信所からの電波は，現在VHF帯を使っているため，100kmを超えるような舞鶴や香住まで到達し，中継されているが，デジタル放送ではUHF帯の電波を使うため中継に必要なレベルでは届かないことが確かめられている．

現在と同じ場所までデジタル放送を到達させるには，途中でさらに電波を中継しなければならず，新技術を使った実験が進められようとしている．

一方において，SFNを使った中継が困難と思われる局もある．

日本の放送方式はこれでよいのか

日本の地上デジタル放送方式は，HDTVからSDTVまでを自由に編成し送出できるばかりでなく，移動体での受信も可能な，世界的にも優れた方式であることは以前にも述べた．

しかし，すべてを満足するためには現状の技術以外に新しい発想に基づ

TV中継局のアンテナの一例

くブレーク・スルーが必要となる。

2003年までに、どれだけの問題が解決できるのか、また新しい技術へのチャレンジがいかに展開されるのかについては、改めて述べることにしたい。

一般視聴者にとってのデジタル放送

放送側にとっての課題をいくつか述べたが、ではデジタル放送は一般視聴者にどのような恩恵をもたらすのだろうか。むしろ、アナ・アナ変換などは迷惑以外の何ものでもないし、それが生活面にどのように影響してくるのだろうかであろう。

現在、アナログで有料のBS放送がNHKをはじめとするわずか4チャンネルの放送にもかかわらず、1500万世帯によって受信されるに至ったことだけでも大変なことである。

そこには、これまでの地上放送にはない新しい番組ソフトの登場と編成が行われたことが大きな要因である。

2000年12月から始まるBSデジタル放送では、これまでのBS放送に加えて、民放キー5社を含む8社によって高画質で多チャンネルな放送が、特色ある番組ソフトで開始される。

しかし、これが単なる番組だけなら社会へのインパクトはそれほどでもない。

BSデジタル放送の特徴は、IT革命と呼ばれる情報化社会へとつながっていることに他ならない。

登場するBSの受信機は、一体型やアダプター型を問わず電話回線との接

第5章　BS/CSデジタル放送

市販されているBS/CS受信チューナーとアンテナの一例

続が前提として考えられている。

　このため，番組以外のデータ放送として，インターネットと組み合わせた電子商取引やホーム・バンキング，ニュース，天気予報，番組連動の商品販売や音楽ソフト，ゲーム・ソフトのダウンロードなども簡単に行うことができる。

　デジタル受信機の心臓部であるセット・トップ・ボックスは，2000年6月からBS専用として発売されるが，2003年にはBS，地上波も一体となった仕様で商品化される。

　デジタル放送が単なる映像や音声の改善でないことはご理解いただけたと思われるが，放送のデジタル化と共に生活面で大きな影響を与える要素がいくつかある。

いよいよ登場する大型ディスプレイ

　一般家庭で購入するブラウン管を使ったテレビでは，通常32型までがほとんどであり，限度である。

地上デジタル放送のすべて

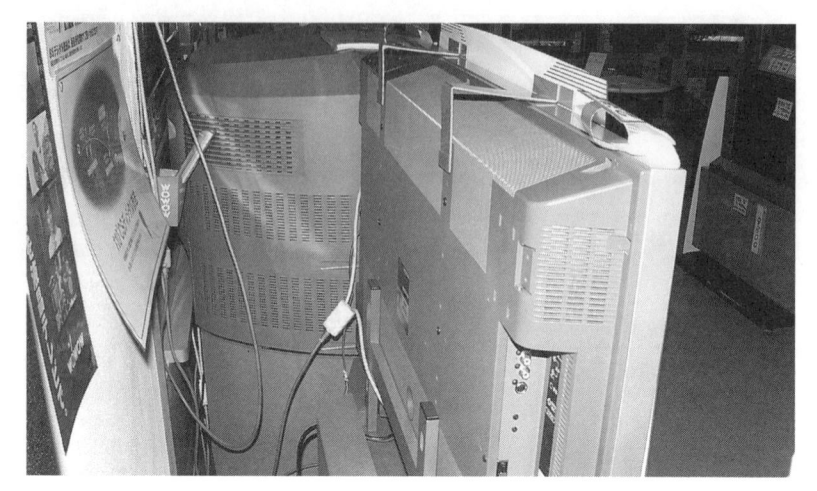

手前はプラズマ・ディスプレイで奥はブラウン管ディスプレイ

　これ以上になると，大型化して通常の部屋には納まらない上，重量が100kgを軽く超えるためテレビの移動や運搬は簡単に家庭で扱えるものではない。

　最近，家電メーカー各社において薄型・軽量のディスプレイの開発が急速化している。現在，発売もしくは研究開発されているディスプレイは家庭用から超大型の劇場用投写型までがある。

　パソコンで利用が進んでいる液晶ディスプレイは，市販されているものではシャープの27型が最大である。シャープは，今後のテレビ受信機にはブラウン管を使わないとまで言っているように，いよいよフラットパネル・ディスプレイの時代となった。

　以前からNHK技研が中心となって開発を進めて来たプラズマ・ディスプレイは，40型以上の大型まで作られているが，消費電力の大きさと寿命の点でさらなる改善が必要である。

第5章　BS/CSデジタル放送

　プラズマは発光が蛍光灯と同じような方式であり，精細度を上げるには大型化しなければならず，各メーカーから発売されているが，まだまだ高価格である。

　液晶は精細度は高いが大型化がむずかしく，視野角が狭い点も問題の一つである。

　液晶とプラズマの合間を縫って，両者の特長を生かしたプラズマ・アドレス方式によるディスプレイが2001年から登場する。高画質で低消費電力，薄型で大型化できる次世代のディスプレイの一つである。

　その他に，FEDと呼ばれる高精細で高輝度なディスプレイも2002年には商品化される。

　家庭用テレビが壁掛け型や薄型化したとき，家庭環境は大きく変わることになるだろう。

　さらに，DLPと呼ばれるIC技術から生まれた夢の高精細プロジェクショ

家電ショップに並ぶ大型ディスプレイ・テレビジョン

ン・ディスプレイが日本の家庭で使われるのも現実のものになり始めている。

デジタル家電とホーム・ネットワーク

放送のデジタル化によって，テレビ受信機はこれまでの単なるテレビではなくなってくる。

デジタル信号を処理する機能そのものが，デジタル家電と呼ばれる製品と結びつく。

DVDプレーヤー，CDプレーヤー，MD，パソコン，プリンター，ディスク・レコーダー，ゲーム機…，これらの製品を1本のケーブルでつなぐだけで自由に使いこなせるホーム・ネットワークは，IEEE1394デジタル・インターフェースをベースに日欧の家電メーカーがまとめたHAViこそ，デジタル家電の本命として期待されている。

> 数多くの家電製品は，これまでそれぞれの機器から映像や音声ケーブルをそれぞれの機器（テレビやビデオなど）につなぐ必要があり，多くの家電製品をつなぐにはケーブルの山ができてしまう。
> 一般家庭では，これらのケーブルをつなぐのはマニアならできるだろうが，ふつうは，電気店や専門家に頼まなければならない。
> これを1本のケーブルでつなぐだけで，すべての機器が自由に動作し，必要な情報を送ったり受けたりすることができるインターフェース・ケーブルIEEE1394（iLINKやHAViの名前で呼ばれる）によって，ホーム・ネットワークを構築できる。

ホーム・ネットワークの概念

第5章　BS/CSデジタル放送

　テレビの大型化は，家庭における情報ディスプレイとしての役割を果たし，ホーム・ネットワークが構築されることになるだろう。
　地上デジタル放送の開始とホーム・ネットワーク化によって，PDAと呼ばれる携帯端末の操作だけで家庭内のすべての機器を操作できる時代が目前にせまっている。

携帯用端末としてのPDAの一例

第6章
デジタル放送を考える

> この章の記事は2000年6月と7月に
> 讀賣テレビSHAHOに発表されたものをもとに再編集したものです

盛り上がったデジタル・フェア

　2000年12月から開始されるBSのデジタル放送が間近となり，メーカー側の動きとともに放送サイドの動きも慌しくなってきた。

　NHKでは4月末から5月7日までの連休中に，東京・渋谷の放送センターで10万人の見学者を集めるBSデジタル・フェアを開催し，予想を越える大勢の見学者を集めた。

　このフェア開催期間中，BS放送による連日のデジタル放送関連の特集番組や総合テレビでのBSデジタル・フェア特番など，大々的なPRを行った。

　番組では，BSを中心とした内容ばかりでなくデジタル放送とはどのようなものかということを，一般視聴者にわかりやすく解説していたことが注目される。

　放送開始を2000年12月に控えてBS各社では放送設備の導入に向けて準備に追われており，一方，BS予備衛星を使った試験放送も受信機メーカーの調整や放送機器の調整として利用されている。

　特に，7月21～23日に開催される沖縄サミットでは，BSデジタル放送実験と地上デジタル放送実験による公開展示が注目されている。

　サミットに際しての実験放送は，沖縄地区地上デジタル放送実験協議会とNHKの共催として実施され，7月17日～23日の1週間を「沖縄ウィーク」と位置づけ，サミット関連番組のほか沖縄の美しい自然と風土・県民の姿をハイビジョン撮影し，鮮明な映像で世界の取材陣に紹介し，全国に向けて放送実験と展示公開する。

　今回の実験展示は，沖縄県内のサミット会場，首脳プレス宿舎を含む24ヵ

第6章　デジタル放送を考える

沖縄サミットでのBSデジタル放送実験と地上デジタル放送実験による公開展示
（大阪中央郵便局で受信したもの）

所に特設展示場を設置し，50インチのプラズマ・ディスプレイを置きBSと地上デジタル放送の受信・展示を行うことになっている。

　また，BSデジタル放送実験では，BSデジタル受信機を用意した全国の総務省の施設250ヵ所や全国の家電販売店でも受信され，地上デジタル放送実験とは異なる編成とデータ放送を実施するなど，本放送を間近に盛り上がりを見せている。

デジタル受信機は双方向性が必須条件

　さて，ここで本題に戻って，BSにしろ地上波にしろデジタル放送とは何かを考えてみよう。一般視聴者から見れば，デジタル画像がきれいだといっても現在の放送でも結構きれいだし，衛星放送のデジタル・ハイビジョンがアナログ・ハイビジョンと比べて少しくらいよくても，それほどの関

心事でもない．それよりデジタルのために，受信機を買い替えなければならないことのほうが，よほど問題である．

前にも述べたことだが，画質・音質の改善だけでは一般視聴者はついてこない．デジタル化の目玉は，何といってもデータ放送なのである．

特に衛星デジタル放送では，番組情報や双方向機能を使った番組，CMなどに大きな関心と期待が集まっている．

たとえば，番組の中で特定の画像をクリックすると画像の片隅にインターネットからの情報が現れたり，番組内のデータ放送として見ることができる．また，CMだって情報として特定の視聴者に送ることができるため，受信機の双方向化は広告費というパイを大きくすることにもつながると考えられている．

放送関係者にとっては，受信機の双方向化は衛星だけでなく地上デジタル放送においても必須のことであり，デジタル放送にとってデータ放送と受信機の双方向化は切り離すことのできない必須条件と考えることができる．

特長1：HDTVによる臨場感あふれる番組やSDTVの多チャンネル放送が楽しめる．
特長2：ゴーストのないクリアーな高品質の受信が可能となる（デジタル放送ではゴーストは発生しない）．
特長3：マルチメディア放送や高度データ放送の新しいサービスが可能になる．
特長4：移動体や携帯端末でも安定した受信が可能である．
特長5：高機能端末により，番組や情報を自分の好きなときに取り出せる．

数あるデジタル放送の特長

第6章　デジタル放送を考える

データ放送で何が考えられるか

　一般にデータ放送といえば，EPGと呼ばれる電子番組ガイドや天気情報，交通情報，番組と連動した情報等のほか，自治体からの緊急情報や地域情報，アミューズメント情報などを郵便番号と組み合わせることで，エリア内のどこへでもサービスできることくらいは想像がつく。

　だが，これだけの情報だったらいくら利用されてもたかが知れているし，第一に手間ばかりかかって商売にならないだろう。

　テレビのデータ放送は，現在のインターネットに比べてはるかに高速で，大量のデータを送ることができる。受信機が電話回線に接続されて双方向化されていること，すなわちインターネットを意味するが，これを利用すれば，受信機につながれた電話回線によるインターネットがたとえ遅くとも，テレビのデータ放送を利用した高速伝送によってあらゆるリクエストにも高速での対応が考えられる。

　番組の画面をクリックすれば局のホーム・ページにつながり，番組連動の情報もすぐに見ることが可能となるばかりでなく，高速インターネットとしての利用が実現する。

　インターネットによるショッピングや電子商取引が盛んになる中で，回線の高速化と低料金化が求められており，テレビはこの分野でも情報の先取りが可能となる。

　コンピュータを意識しないインターネットとしてIモードが爆発的に普及したことは，これからのIT革命がここ数年のうちに大きく発展することを意味している。

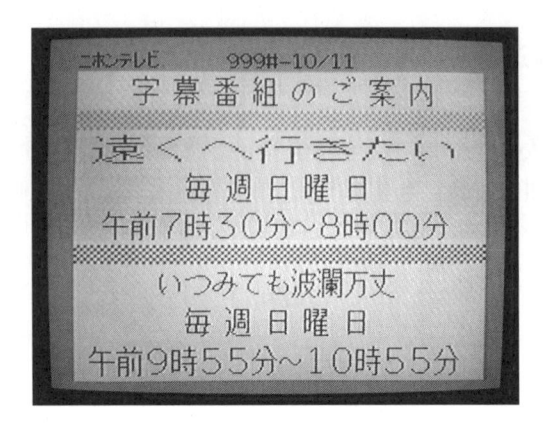

データ放送の受信画像の一例

　この観点からデータ放送を見ると，大きな可能性を秘めた将来が見えてくる。CMのあり方も，一方的に見せるものから視聴者のニーズに応えることも可能となり，営業というのパイを大きくすることにもつながるだろう。
　視聴者の好みに合わせたCMや番組の趣向などは，簡単に知ることができる。デジタル・テレビに学習機能を持たせることなど，わけのないことなのだ。
　デジタル受信機は，これまでのテレビ受信機のように単に放送を受信するだけでなく，いろいろな応用が考えられる。実はデジタル・テレビの受信機は内蔵のコンピュータにより画像を復調したり，加工したりできるようになっている。一般視聴者がコンピュータを意識しないでも，視聴者が求める多くの機能を処理する能力を持っており，これからの技術革新に対向するため，データ放送のチャンネルを使って受信機の制御ソフトを変更し，受信機の機能を変えたり向上させることも考えられている。

第6章 デジタル放送を考える

HDD録画装置が放送業界を揺さぶる

　音楽データやプログラム・ソフトのダウンロード，番組録画予約や再生が容易になり，これまでのテレビ受信で行っていたような面倒な操作や手間がかかることはない。

　このような視聴者の夢を実現するためには新たな記録装置が必要であり，ここに登場するのがハード・ディスク（HDD）を使った録画装置である。

　既に放送局で使用され，スポーツ中継や番組編集，ニュースの編集や送出からCMバンク・システムに至るまで，ハード・ディスクを利用したノンリニア・システムと呼ばれる記録装置は放送局にとってなくてはならないものとなっているが，日本で放送システムとして本格的に使われだしたのは，それほど古い話ではない。ほんの5，6年前のことである。

　このハード・ディスクを使った録画装置をテレビ受信機に取り入れる動きが出始めたのは1，2年程前のことである。デジタル番組の記録装置としてDVD（デジタル・ビデオ・ディスク）が登場間近であり，DVHS，DVCなどテープによるデジタル・ビデオカセットVTRなども既に開発されている。

　1999年，アメリカでHDD録画装置が登場したとき，放送業界は「これは我々にとって敵なのか味方なのか」で大きく揺れた。

　番組ガイドから視聴者の好みの番組を見つけ出し，自動録画機能を組み合わせればテレビ番組のタイム・シフト視聴が容易になる。録画番組を瞬時に再生できるHDD録画装置を使うことで視聴率の把握がますますむずかしくなり，視聴時間帯によって広告料金を決めている従来の広告ビジネスは

HDD録画装置の特徴

- 録画しながら収録済みの映像を見ることができる。
- CM飛ばしなどの再生が可能。
- ディスクなどへの高速ダビングが可能。
- 見たい映像をすぐ呼び出せる。
- 最新の情報を常に取り込み、いつでも見ることができる。
- デジタル録画であるので劣化がない。

揺らいでくる。

　放送中の番組のCMを飛ばして再生できるし、広告の差し替えも可能となる。しかし、タイム・シフト視聴の急増はテレビ番組の露出機会を高める可能性があり、テレビ受信機に自社番組のプロモーション画面を表示し、そこから録画を予約するサービスができる。

　不特定多数の視聴者に向けた「マス広告」から、放送が視聴者と双方向のやりとりを可能にする広告サービスの提示へと発展する。すなわち、視聴者ターゲットを絞った新しい広告ビジネスとして、EPGや放送番組画面にバナー広告を行い、クリックすると広告画面が現れて資料請求や物品購入が可能となる。

　HDD録画装置を売り出したREPLAY NETWORKS, INC.やTIVO INC.には米3大ネットワークも投資に動いており、視聴者の属性やテレビ番組の録画に関する傾向をつかむことを考えている。この視聴動向の生データを基にすれば、特定の視聴者にターゲットを絞った効果的な広告や番宣を送り届けることが可能になる。

視聴率の消える日

　実現は，もう少し先と見られていた次世代の双方向サービスを，デジタル放送で実現できるのだろうか？　BSデジタル受信機が双方向をベースに考えられていることからも，地上放送での双方向化は避けて通れないだろう。
　CATVの未発達な日本において，インターネットによる回線料の高額な現状の中で，広帯域ネットワークの構築を待たずに双方向サービスが実現できる。
　たとえば，大容量の映像データは深夜の時間帯に現行放送の空きチャンネルを使ってHDDに送り込める。もし仮に家庭用で記録容量が100GBのHDDが実現すれば，擬似的なビデオ・オン・デマンドが実現する。
　このような社会が今すぐに実現するわけではないが，衛星デジタルから3年後を考えたとき，地上デジタル放送が始まる頃には想像以上に技術が進んでいるに違いない。
　現在の世の中の進み方が犬の年齢に匹敵するといわれており，1年が7年に相当するとすれば，どうなるであろうか？

デジタル放送のあり方を考える

　2000年12月から本放送が開始されるBSデジタル放送の実験放送が，6月24日から開始された。これまでは試験放送として行われていたデジタル放送も，これからは全国の電気店で見ることができるようになったが，放送時間が短いのと双方向によるデータ放送などもないため，BSデジタル放送は

字幕放送の受信画像。健常者が見てもなかなか便利な機能である

一般視聴者にはまだまだ理解できない。

　6月になって民放BS各社の番組編成もようやく明らかになってきたが，それでもデジタル放送の特徴までは理解することはできないだろう。

　では，2003年に始まる地上デジタル放送はどうあるべきなのだろうか。少なくともデジタル放送の特徴を生かした双方向機能によるデータ放送，放送番組の多様化，番組作りの効率化は必須条件である。放送のデジタル化とは別に，技術革新による対応も避けて通ることはできない。

　放送のあり方を考えるといってもいろいろある。新たな問題やメディアへの挑戦，新しい技術を生かした効率的な運用，支援システムなどなど，視聴者ニーズも考えた効率的な番組作りや番組のあり方について，独断と偏見を交えて考えてみたい。

字幕サービスは健常者にとっても必要？

　放送の世界で字幕サービスを最初に始めたのは，1976年から放送開始し

たイギリスの文字放送シーファックスである。その後，アメリカにおいてもLINE-21として公共放送のPBS（Public Broadcasting Systemの略。アメリカの公共放送で，寄付などによって成り立っている全米ネットワークの放送）が耳の不自由な人を対象にサービスを開始しており，今では英米において字幕放送は当然のサービスとして行われている。

イギリスの文字放送シーファックスは，イギリスのほとんどの受信機で受信でき，交通情報，航空機の空席状況の確認はもちろん，ニュース情報など，おもての放送画面より早いこともしばしばである。

日本においても字幕放送のニーズは次第に強くなってきており，昨年，YTV（讀賣テレビ　以下同じ）で開発されたノンリニア字幕作成装置はパソコンによるワープロ感覚で字幕作成ができるもので，制作時間の大幅な短縮と操作の容易さから見ても画期的な開発商品である。

文字放送ではない情報番組やドキュメンタリー番組，通常番組においても字幕スーパーが盛んに使われるようになっており，番組の見易さや効果の面から考えた最近のトレンドである。健常者にとっても，番組の見易さの点から歓迎すべきことでもある。

また，NHKではニュースに音声認識技術を使って，音声を自動的に文字に変換し字幕を作成する装置を開発して，ニュース番組でリアル・タイム放送として使用している。

アナウンサーの音声の特徴をコンピュータが自動的に分析・学習し，現在，その認識率は95％以上にも達している。

このように，デジタル放送ならずとも番組へのニーズは，時代の流れとともにますます高まってきており，IT技術による経営の効率化と合わせて取り組まなければならない重要な課題となっている。

21世紀をにらんだ新技術利用の番組作り

では、21世紀のデジタル化時代における放送サイドの取り組みは、どうなるのだろうか。

ここでNHKが現在取り組んでいる、新しい技術を使った番組作りを幾つか紹介したい。

まず、「ニュース原稿データ・ベースからのトピック抽出」がある。ニュース原稿のデータ・ベースには、毎日のニュースを簡潔に表現した文書で入力されており、この文書データ・ベースを自動分析し、番組の企画立案に役立つ情報の抽出システムとして研究を行っている。既に日、週、月、年単位に重要な話題を抽出する装置として試作されている。

ニュース番組のジャンル別制作や新規番組の開発、取材、編集など利用範囲も広く、今後の展開として、ニュース原稿以外の一般番組やインターネットなどのデータ・ベースへと対象を広げて、新しい番組作りの支援システムとしてさらに開発を進めている。

また、「知的ロボット・カメラによる番組制作」では、ロボット・カメラが熟練カメラ・マンの操作に近い動きで自動的に撮影できる番組制作に取り組んでいる。

ロボット・カメラが互いに情報交換しながら、撮るべき映像を判断して撮影する。現在、最少限のカメラ台数での撮影方法の分析、最適な撮影位置に自動的に動かす仕組みと方法、被写体を正確に検出する技術開発を進め、スタジオ制作の実用化を目指している。

この他、台本を書くだけでコンピュータが自動的に番組を作り出すシス

第6章　デジタル放送を考える

知的ロボット・カメラによる番組制作

テムの研究では，新しく番組制作用言語TVMLを開発し試作実験を行っている。

　これらの技術は，21世紀の新しい放送のあり方とともに多様な番組作りにも少人数のスタッフで対応でき，番組の迅速で効率的な制作が可能となるものである。

　一方，複雑化してますます多くなる番組と映像素材の再利用や取り扱いは，重要な問題である。

　映像素材を素早くチェックし，自由に検索できる「アーカイブ用動画検索システム」の開発では，放送センターをはじめ全国の放送局から検索できるNHKアーカイブスを埼玉県川口市に建設し，2003年からの運用を目指している。

　民放系列でも必要なデータ・ベースの共有化は民放全体でできなくても，せめて系列単位での構築はきわめて重要なことである。たとえ，現行のア

埼玉県川口市にあるNHKアーカイブス

ナログ放送が今後も続くとしても，技術革新が進む中で業務の効率化と放送のあり方を考えたとき，避けて通れないテーマが幾つかある。

まず，報道ニュース素材の系列による共有化である。

現在のニュース素材はデータ・ベース化が行われていないことから，系列各局が全国の素材を使いたい場合は，事前に取材局から素材回線で送ってもらわなければならない。

これが，もし，一元化されたデータ・ベースを東京またはバック・アップとして大阪に共通で用意しておけば，系列各局がいつでも自由に使うことができることになる。

全国に張り巡らされた光ネットワーク回線が今後ますます高速化され一般化することから考えても，素材のデータ・ベース化は必須の課題である。

番組作りのCG画像制作やアーカイブの共有化も当然のことであり，NTV系列がこの方向で進んでいることは当然といえば当然である。

第6章　デジタル放送を考える

　さてデジタル放送にとっての新しい番組作りとしてどのようなものが考えられ，その可能性やチャンスがあるのだろうか。

　まず，地上デジタル放送がこれまでのアナログ放送と大きく違う点は，多チャンネル放送ができること，双方向によるデータ放送ができること，高画質放送ができることなどである。

　CATVの視聴が全世帯の70%に達し，多チャンネル化も進んだアメリカにおいては，世界各国の情勢や動向，出版物の市場調査の結果によるコンピュータ処理が，新しい番組の開発に積極的に利用されている。

　我が国においても同様なシステムの開発が放送界に求められているが，地上波のデジタル化と双方向化の技術は，日本のみならずアメリカにおいても未成熟の段階であり，これらの支援技術の実用化はまだ成されていない。

　1998年11月に放送が開始されて1年9ヶ月が経過した時点でも，その見通しは明確ではない。アメリカの次世代テレビシステム委員会（ATSC）は6月7日，地上デジタル放送の標準規格PSIP（Program and System Information Protocol）に双方向機能DCC（Directed Channel Change）を新たに追加した。

　先きにも述べたとおり，ハード・ディスクの急速な高密度化と容量増大に加えて，データ放送の双方向化に，放送局はやがて新たな対応を迫られることになるだろう。

　21世紀の放送は多チャンネル化とデータ放送に加えて，インターネット放送にも情報提供が求められることになるのだろうか。

　地上デジタル放送の視聴世帯がまだ16万程度と伸び悩んでいるアメリカ

では，デジタル放送を後回しにしてもインターネットでの放送を先に行っている局もあり，メディアへのとらえ方が日本とは異なっている。

第7章
地上デジタル・チューナー

この章の記事は2000年8月と9月に
讀賣テレビSHAHOに発表されたものをもとに再編集したものです

沖縄サミットで一気に爆発　家電各社のデジタル受信機開発

　沖縄サミットの開催された2000年7月はデジタル放送関係者にとって，今までにない多忙の月となった。実験中の地上デジタル放送ももちろんではあるが，12月から始まるBSデジタル放送関係者と家電メーカー各社にとっては，国内はもとより世界にもPRできる絶好の機会の到来である。

　故小渕首相が正に命をかけて実現した九州・沖縄サミットが，7月8日のG7蔵相会合，12日からはG8外相会合，21日からのG8首脳会合として福岡，宮崎，沖縄で開催された。

　放送事業者にとっては，BSデジタル放送を一般視聴者に認識してもらうためにも沖縄サミットは絶好の機会であり，続く8月の高校野球中継やシド

九州・沖縄サミットでのデジタル放送実験を大阪中央郵便局に設置された受信機で見る

ニー・オリンピック中継も高画質なデジタル放送で見てもらえれば，12月からの放送開始にとって大きなプラス要因となることは間違いない。

　家電メーカーにとっても，これから始まるBSデジタル放送が引き金となって，衛星受信機の大幅な需要増加とデジタル家電時代のさきがけとなることに大きな期待をかけている。

　福岡・蔵相会合では，7月7日から地上デジタル実験放送が3日間，BSデジタル実験放送が2日間にわたって福岡市内4ヵ所で公開受信展示を行い，宮崎・外相会合でもBSデジタル実験放送が7月12日に宮崎市内5ヵ所で公開受信展示を行った。

　一方，本命である7月17日から23日までの1週間にわたる沖縄サミット実験放送では，BSデジタル実験放送が沖縄本島，宮古島，石垣島を含む沖縄30ヵ所と全国250ヵ所の郵便局，地上デジタル実験放送では沖縄本島32ヵ所と全国9ヵ所の支援センター管内25ヵ所で公開受信展示が行われ，特別編成の番組が高精細度映像で放送された。

　沖縄の伝統的な民謡おどり・エイサに始まり，ライブ・コンサート，沖縄の自然，特に美しい海では珊瑚礁，魚などの他，沖縄の歴史的建物・首里城や沖縄の生活習慣，サミットでの各国首脳歓迎会やクリントン大統領のLIVEによるステートメントなどを特集番組として組み，沖縄を一気にこれほど鮮明に1週間にもわたって高精細度な放送映像で見る機会は初めてのことである。

熾烈を極めるBSデジタル・チューナーの開発

　近畿地区の公開受信展示場の一つ，大阪中央郵便局1階中央コンコースに

松下電器が開発した地上デジタル・チューナーの試作機

は、BSと地上デジタル実験放送を受信する2台の36インチ受像機が並べられ、衛星からと地上からのデジタル実験放送が鮮明な映像で受信されていた。

BSデジタル実験放送の受信用にセットされていたチューナーは、サミットに間に合わせて開発された最新のデジタル・チューナーで、大きさもノート・パソコン並みのA4サイズにコンパクトにまとめられており、その性能はデータ放送の受信はもちろん、日本がデジタル放送規格として決定した映像フォーマットもすべて対応可能で、現時点で考えられる仕様がすべて盛り込まれていることに驚かされた。

大手家電メーカー各社では大半が開発を終えて9月1日の発売に向けて準備を整えており、今回使われているBSデジタル・チューナーは発売前の製品である。近畿では、業界でトップを切った松下電器がチューナーを提供しており、沖縄サミットでは大手数社の製品がサミットで公開受信展示用に使われている。

現在、何れのメーカーもBSデジタル・チューナーと受像機の発売準備に

追われ，地上デジタル放送用のチューナー開発までは手が届かないのが現状だが，その中で松下電器はサミットに合わせて地上デジタル・チューナーの製品化試作モデルを1台完成させた。

アメリカ・クリントン大統領が宿泊する満座ビーチホテルにはこのチューナーが展示され，BSデジタル・チューナーとまったく同じ大きさで試作された地上デジタル・チューナーに，関係者から驚きの目が注がれた。あと2年半で地上デジタル放送もいよいよ放送開始となるが，その頃には間違いなく地上，BSのデジタル・チューナーは小型化され一体化された製品として登場することになるだろう。

3年先行するBSデジタル・チューナーを追う地上デジタル・チューナー

BSデジタル実験放送は高精細度なHDTVで行われているため，サミットでの映像も沖縄の自然が眩しいほどの美しさで受信され，これがデジタルだと思わせるものであった。

もともと衛星放送はゴーストなどないから，通常のSDTVでもきれいだが，それを上回る美しさがデジタルにはある。今回のサミットではデータ放送にも力を入れており，各国首脳のプロフィールや気象状況，ニュース，サミット・コラム，クイズなど盛り沢山のデータ放送番組を用意して各国首脳や関係者を楽しませていたが，地上デジタルではどうなるのだろうか。

BSデジタル放送は現在放送中のBS放送のアンテナがそのまま使用できるため，通常の画像で見るだけならデジタル・チューナーを買うだけで見ることができる。

高精細度なデジタル・ハイビジョン画像やプログレッシブな画像を見る

場合には、新しくディスプレイとしてのテレビ・モニターを買わなければならないが、これを除けばデータ放送も見ることができ、民放系も加わった新しいサービスを存分に楽しむことができる。

衛星放送であるBSは既に1500万世帯に受信されており、デジタル放送が開始されるとチューナーも次第に安くなり、手軽にBSデジタル放送を楽しむことができるまでには、それほど時間はかからないであろう。当然ながら普及には番組ソフトがどのように展開されるのかが大きな問題で、CATV受信の普及など幾つかの地上デジタルとも共通する問題があるものの、少なくともBSデジタル放送は地上波に比べて受信条件ははるかに有利であり、地上デジタル放送にとって脅威になることは間違いないだろう。基幹メディアとしての地上放送の地位が、今後デジタル化によって揺らぐことはないのだろうか。

地上デジタル放送の問題点

一方、地上デジタル放送には幾つかの難関が待ちうけている。放送チャンネルがきちんと割り当てられ、混信問題のない衛星放送とは異なり、地上デジタル放送にとって、現在の放送チャンネルの混雑は大問題である。

アメリカと比べて面積25分の1の狭い中で2倍の1万5千局ものテレビ電波がひしめく現在の地上テレビ放送を残したまま、並行してデジタル放送を始めるためには既存の放送のチャンネルを動かして空席を作らなければならず、わずかの空席で放送するためには同じ周波数を使って放送し、中継するSFN技術が必要となる。

この二つの問題から生じるアナ・アナ変換問題やSFN中継放送は、資金

第7章　地上デジタル・チューナー

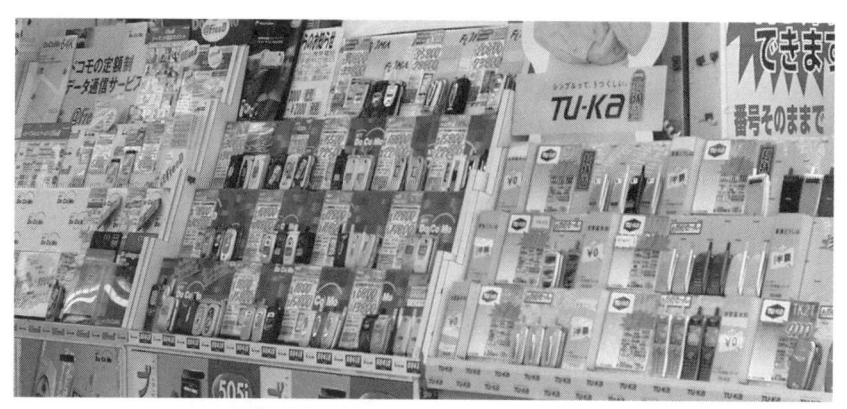

携帯電話の普及には目を見張るものがある

と新しい技術開発がなければ実現がむずかしくなってくる．この結果，たとえ日本のデジタル放送方式が世界的にも最も優れたものであっても，効力を生かすことができなくなってしまう．もともと，日本の地上デジタル放送方式は衛星と同等の画像を伝送でき，移動体で受信できる方式になっている．これらの機能を100％生かすには現在の放送がすべてデジタル放送に切り替わり，電波資源であるチャンネルが空いたとき，デジタル・チャンネルの再構築をすることで解決するのだろうが，他にもデジタル放送では1～2秒の時間の遅れが生じて，番組での掛け合いや時報音の放送がむずかしくなってくる．その中で，少なくとも受信機側の改善で解決できそうなものも幾つかある．

　時報音の問題などは，受信機自身で電波時計を持ち正確に時刻を表示することは簡単にできることであり，アナ・アナ変換問題に関連するような受信機のチャンネル・セットの問題も，テレビ局のマーク信号さえ出ていれば，受信機でその局を探すことができる．

　電車の中で携帯電話を使って途切れなく通話ができるのは，基地局がコ

ントロールするからであり，この逆を考えてみても実現可能なことはは当然である．

　SFNの問題は技術の改善で，ある程度の進展が考えられるが，最終的には全テレビ放送の完全デジタル化によって解決され，日本方式の特徴が生かされることになるだろう．

美しいデジタル画像

　九州・沖縄サミットで放送されたBSデジタル実験放送と地上デジタル実験放送を見たとき，デジタル放送の画像の美しさを改めて見直した．
　たとえ，同じ映像素材でも，現在のアナログ放送のようにゴーストやノイズがまったく見られず，元の画質がほとんどそのまま伝送される美しい画像であることは間違いない．
　サミットにおける映像はデジタル・ハイビジョンが中心に制作されたこともあって，地上デジタル実験放送がBSにも勝るとも劣らない高画質で放送できたことで，改めてデジタル放送の本質に触れた思いである．デジタルとは何か，データ放送とは何かをBSデジタル実験放送を見て改めて考えさせられたが，とくにデータ放送については何を目指すのかが問われるだろう．デジタル放送を生かすためにも，ディスク記録装置の普及の必要性を強く感じたのは，私だけだったのだろうか．

松下電器が地上デジタル放送用小型受信機（復調器）を開発

　松下電器は，九州・沖縄サミットに向けて開発を進めていた地上デジタ

ル放送用受信機（実験用復調器）の小型化に成功し，実用化試作機として発表した。

　2000年12月から始まるBSデジタル放送に向けて，メーカー各社はBSデジタル放送用復調器の小型化に取り組み，9月発売を目指して開発を急いでいるが，松下電器は九州・沖縄サミットに間に合わせて公開受信用として出品した。

　さらに，地上デジタル放送用の実験用受信機の小型化にも取り組み，従来の実験用受信機と比べて20分の1の大きさで，今回開発されたBSデジタル放送用受信機と同じA4サイズの実験用受信機の開発に成功した。

　この結果，実験用ばかりでなく2003年の地上デジタル放送用受信機の製品が可能となった。

　業界初の小型化に成功したニュースは，関係者の大きな話題となり東京キー局をはじめメーカー関係者も一目見ようと「満座ビーチホテル」に駆

松下電器が開発した地上デジタル放送用小型受信機（左は旧型，右が新型）

けつけたが，ホテルにはアメリカの許可も必要であったため，沖縄入りしたものの見ることはできなかった。

　サミット終了後メーカーに戻った受信機に，関係者からの引き合いが殺到したが，松下電器とTAO近畿支援センターとの約束で，真っ先にセンターへ持ち込まれ受信テストのため3日間借りることに成功した。その後は，東京でのARIB実験関係者，メーカーなどが見る機会を得られることとなり，各社の製品化への参考として利用される予定である。

BSを追う地上デジタル放送の行方

　沖縄サミットが終わり，夏の甲子園高校野球大会も終わった今，BSは9月よりBSデジタル試験放送として，9月15日から始まるシドニー・オリンピッ

上はBS／CS，下は110度CS用のアンテナ

クの中継を，HDTVとSDTVの二つの映像で10月1日まで放送する。

9月にほとんどの家電各社から一斉発売されるBSデジタル放送受信用のチューナーやテレビ受信機は，12月の本放送に合わせて追い込みの真っ最中にある。

現在，BS放送はBS-4先発機であるBSAT-1A衛星によりアナログ放送が行われており，予備衛星BSAT-1Bも既に打ち上がっていて現行放送の予備としてばかりでなく，デジタル放送にも利用できることになっている。

この予備衛星がたとえ使えなくても，現在，デジタル試験放送として使っているBS-3Nがあるため，万一，10月に予定の衛星打上げに失敗しても12月1日午前11時からの放送開始に問題はない。

8月25日，NHK・民放が出資する衛星運用会社「(株)放送衛星システム」は，デジタル放送用衛星であるBS-4後発機「BSAT-2A」にトラブルが見つかったため，打ち上げを2000年10月から2001年初めに延期する見通しであると発表した。

リスクの少ない宇宙からの放送と混信問題で悩む地上デジタル放送

宇宙空間から発射される衛星放送にとっては，集中豪雨や雷雲などによる電波減衰を除けば伝送経路上での大きな問題はない。

BSデジタル放送では，映像信号やデータ信号などに対して，それぞれの伝送容量が運用上から規定されており，たとえば高精細度映像のHDTVには最大22Mbps，現行放送映像のSDTVには7Mbpsが割り当てられている。

この規定でHDTV 1chかSDTV 3chを伝送するなら十分な画質で伝送することができるし，運用上から伝送容量を多少減らしても画質を損なわずに

伝送することは可能である。

　BSデジタル放送には現行のアナログ放送とは別に，4個のトランスポンダー（中継増幅器）が割り当てられており，1個のトランスポンダーで2局分（前記の2倍）の容量があるため，4個で8局分の伝送が可能となる。

　既に，BSデジタル放送としての新たなチャンネルが用意されていることと，伝送上からの大きな問題もないため，2000年12月1日から開始されるBSデジタル放送は，放送側の準備さえ整っていれば，問題なく予定どおりの本放送が行われるに違いない。

　このように困難な状況の中でデジタル放送用チャンネルを確保しなければならず，さらに，2010年にアナログ放送がすべてデジタルに置き変わるまでは，少なくとも両方の電波を使って放送しなければならないため，チ

衛星に搭載されている中継器のことで，衛星では地球からの電波を受け，衛星放送用の周波数に変換・増幅して地球に向けて送り返す。

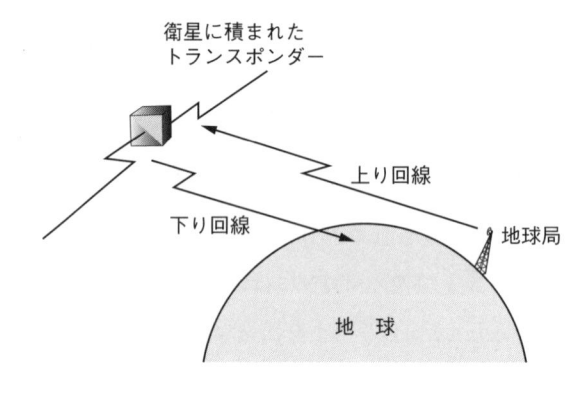

衛星のトランスポンダーとは

ャンネル・プラン作成は多くの困難な問題にぶつかってしまう。

　2000年4月，親局チャンネル・プランがようやくまとまったものの，現行放送との混信問題やチャンネル不足から，現行放送のチャンネル変更を伴うアナ・アナ変換問題が発生している。

　少ない電波資源の中で，いかにしてデジタル放送を開始できるのか？総務省が考えたチャンネル・プランには，各局毎に中継局も同一周波数を使用するSFNをベースとし，止むを得ない場合に限り別周波数によるMFNを使うことが考えられている。

　このため，ノイズやゴーストにも強いといわれるデジタル信号でも，さまざまな工夫をしなければ放送に使うことができなくなってしまう。日本の地上デジタル放送はヨーロッパ方式をベースに改善された方式で，移動体受信や同一周波数中継（SFN），多チャンネル放送や階層化と呼ばれるサ

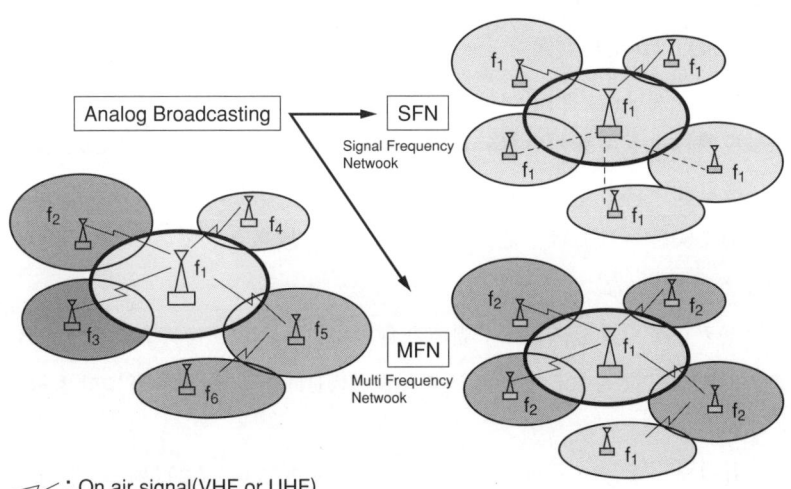

SFNとMFNの概念

ービス・エリアの拡大，データ放送などが可能で，世界に誇れる方式にもかかわらず，電波資源の不足からその機能を生かすことがむずかしい．
　伝送容量についても，衛星と同じくらいの最大23Mbpsが取れるにもかかわらず，現実には上記の理由から大幅に削減されることになってしまう．
　それでは，衛星でのHDTV放送に対して，地上波は高精細度なHDTV放送ができないのだろうか？

BSに挑戦する地上デジタル放送の新たな試み

　日本のデジタル放送では，衛星，地上における映像フォーマットが同じ仕様で規定されていて，走査線が1080本でインターレース画像のHDTV（現行ハイビジョン），720本でプログレッシブ画像のHDTV，480本でプログレッシブ画像のSDTV，480本で現行放送に使われているインターレース画像のSDTVが実用画像フォーマットとして決められている．
　アメリカでは，1080本のハイビジョン映像だけでなく，720本の映像も高精細度映像として採用されており，圧縮効率がよく高画質で伝送容量の少ない優れた方式として使われている．しかし，日本においてはNTVなど一部の局で実験されてはいるものの，デジタル放送として各局が採用するまでには至っていない．
　地上デジタル放送にとって周波数資源の少ない現状を考えたとき，BSデジタル放送に対抗する地上デジタル放送のHDTV伝送は本当にできるのだろうか？
　これまで，デジタル放送とはどのようなものかという見地から，さまざまな切り口で議論され，検討されてきたが，地上デジタル放送にとってど

第7章　地上デジタル・チューナー

のような映像が適しているのかという試みがなされたことは少なかった．

　これに挑戦する新しい試みが近畿地区において2000年8月8日から12日までの5日間，全国初の地上デジタル放送実験として実施され，日本のデジタル放送として規定されている映像規格の中から，特に1080I，720P，480P，480Iの4方式について，精細度や圧縮効率を中心に調査を行い，地上デジタル放送として求められる映像の指標を探る目的から，多くのメンバーが実験に取り組んだ．

　8月8日から始まった甲子園からの高校野球全国大会のハイビジョン映像（ABC提供・協力）は，ABCを経て支援センターに光回線で送られた後，支援センターで1080I，720P，480P，480Iの映像に変換されて実験放送され，近畿地区地上デジタル放送実験協議会スタジオ部会（NHK，民放各局，メーカー各社）の大勢のメンバーが実験に参加した．

　この実験の評価結果は，実験に参加したメンバーの評価を基にスタジオ

720本の高精細度映像の一例

部会としてまとめられることになるが、ハイビジョンと呼ばれる1080Iに対抗する720P映像が、圧縮効率の高さとHDTVとしての高画質映像が確認されたこと、480Pの映像でも予想を越える評価が得られるなど、多くの成果を得た。

だが、全国初の実験として話題となり成果を得たものの、計画から実験まで短時間の準備であったことから、機材調達と仕様基準には不十分な点もあり、再度、実験を行いたいとの要望も上がっており、関係者で詰めが行われている。

地上デジタル放送にとって、1080Iは実用レベルとして本当に可能なのだろうか？　720PはHDTVとして十分な精細度を持っているのだろうか？　480Pではどうなのだろうか？　といった具体論がいよいよ試されるときを迎えつつある。

高精細度なスタジオ設備を持ったとき、いずれか一つの映像フォーマットがよいと決めるのではなく、各局はそれぞれの考えに基づきその精細度をいかにして保ちながら視聴者に送り届けることができるのかという、伝

	525I	525P	750P	1125I
総走査線数	525I	525P	750P	1125I
有効走査線数	480I	480P	720P	1082I
D1端子	●	×	×	×
D2端子	●	●	×	×
D3端子	●	●	×	●
D4端子	●	●	●	●

D端子とは、デジタル放送に対応した接続端子のことである。輝度信号（Y）、色差信号（Pb／Prなど）を1本のケーブルで接続が可能であり高画質が図れる。
　Pはプログレッシブ方式
　Iはインターレース方式

1080I／720P／そして480P／480I方式の端子はそれぞれD4〜D1に相当する

第7章　地上デジタル・チューナー

家電販売店に並ぶハイビジョン・テレビ受信機

送上からの放送技術が問われているのである。

　その後，10月末にYTVがNTVの協力を得てNTVとYTV間を光回線で結び，さらに近畿の実験送出センターとも光回線を通して評価を行う本格的な720P伝送実験構想が浮上してきた。ここでは，当然のことながら720Pのオリジナル映像が使われ，8月に行われた実験を再確認し，さらに新たな成果が得られるに違いない。

　今，地上デジタル放送は送信実験においても，スタジオ実験においても近畿の実験がもっともホットな情報として全国から注目され，期待されている。

第8章
地上テレビ放送はこれからも最強メディアなのか

> この章の記事は2000年10月から12月，2001年1月に讀賣テレビSHAHOに発表されたものをもとに再編集したものです

地上テレビ放送はこれからも最強のメディアなのか

　1953年，日本で初めてのテレビ放送が東京NHKとNTVによって開始された。あれから50年の歳月を経て，テレビ放送は今，日本をはじめ世界中で驚異の発展を遂げ日常生活基盤の中に溶け込んでいる。

　そのテレビ放送が，通信技術やデジタル技術の発達によって大きく変わり始めている。衛星放送の普及，インターネットの登場，動き始めたCATVの台頭，各種記録メディアの普及などによって放送メディアは今，変革を迫られ，求められている。2000年12月から開始されるBSデジタル放送や，2003年に開始される地上デジタル放送を前にして，地上放送メディアはどうなるのだろうか。

アメリカCATVの誕生と発展

　世界に先駆けてテレビ放送を開始しマスメディアとして大きく育て，テ

テレビ放送が始まった頃のテレビ受信機

レビ時代を真っ先に築きあげたアメリカのテレビ放送とCATVの歴史を対比させながら考えてみたい。

1943年頃からテレビ放送を開始していたアメリカでは，第二次大戦後から次第に普及し始めたテレビにとって，ニューヨークなど大都市に林立するオフィス・ビルや高層住宅が受信障害をもたらし大きな問題となり始めた。ここで生まれたのが，ケーブルによる共同受信設備であった。日本の25倍の面積を持つアメリカにとって，テレビ放送の受信はケーブルによる共同受信（コミュニティ・アンテナ・テレビ）が，受信障害を解決するだけでなく，テレビを容易に見ることのできる一つの有効な手段だったのである。やがてテレビ放送が全米各地へと広がり，番組が充実し普及する中で共同受信（CATV）も広がりを見せていった。

1957年10月，旧ソ連が人工衛星スプートニク1号を打上げて以来，米ソを中心とした衛星時代が出現し，1963年11月のリレー1号による日米初の衛星中継（ケネディ暗殺のニュース）に端を発して，1964年の東京オリンピック生中継の成功が衛星時代の幕を開けた。

1972年，アメリカ政府はオープンスカイポリシー計画を発表し，衛星を使った番組伝送が民間企業で初めて可能となった。1975年，タイム社が持つHBOによってサトコム1号衛星を利用したCATV向け映画番組の配信が開始され，これに続くアメリカン・ムービー・クラシック，ショータイム社，シネマックス，ディズニーチャンネルなどが続々と衛星によるCATVへの番組配信を行い，さらに1980年にはアトランタのローカルテレビ局WTBS（ターナー・ブロードキャスト）が衛星を使った初の全米ニュース専門局としてCNNを誕生させ，放送を開始した。

こうしてアメリカのCATVは，コミュニティ・テレビからケーブル・テ

レビへと一大変身を遂げたのである。CATVはこれまでの地上放送である3大ネットワーク（CBS，ABC，NBC）の番組を流すだけでなく，数十チャンネルを超える新しい番組を流す伝送手段として変身し，地上テレビ放送の競争相手として生まれ変わってしまった。

　当初，90%を超えるプライム・タイムのシェアを誇っていた3大ネットワークも，次第にシェアが低下し始め，今では50%を切るに至っている。これまで，CATVは数十チャンネルの中で1%の視聴率を取り合っているに過ぎないと，3大ネットワークの優位性を強調していた地上テレビ放送だが，FOXやディズニーチャンネルなどの参入による新しいネットワークの誕生と，既に全米9千万世帯の70%のシェアを持つに至ったCATVに加え，インターネットの急速な普及，衛星デジタル放送など，新しいメディアの登場によって今，変わり始めている。とはいえ，アメリカの地上テレビ放送は新しく姿を変えて今もなお最強のメディアとして生き残りを図っている。

BSの発展と地上放送の普及

　一方，日本の場合，狭い国土の中であまねく放送の全国普及を目指す政府方針に沿って，1万5千局にも及ぶ放送局が設置され95%以上の普及を達成した。そのため，CATVの登場と普及はアメリカに比べて極めて遅く，近年に至りインターネットの登場や各種メディアの登場，メディアの多様化によってようやく都市型CATVが現れはじめた。

　アメリカでCATVが爆発的に発展したのと対照的に，日本は1978年に実験衛星「BSゆり」を打ち上げて以来，次々と衛星が打上げられ1984年5月にはBS-2Aが難視解消用試験放送として1chが利用され，1986年11月からはBS-

第8章 地上放送はこれからも最強メディアなのか

日本のCATV局の一例

2Bが2chを使って難視解消の目的からNHK総合，教育放送を開始した。

　1987年7月，BS-2Bは総務省の新しい衛星利用方針に基づき，NHKは衛星第1を独自編成とし，衛星第2を総合・教育の混合編成とすることで，アメリカなどの3大ネットワークや世界の放送番組を「世界は同時に眠らない！」とのキャッチフレーズを使って放送を開始した。これを機にBS放送は飛躍的な成長を遂げ，BS放送が牽引役となって多チャンネルCS放送の登場と共に，衛星放送が地上テレビ放送に大きな影響を与え始めてきた。

　既に，受信世帯だけでいえばBS放送の普及は1千5百万世帯に及び，2000年12月からスタートするデジタル放送では「1千日で1千万世帯の普及」を目指し，民放を含めた8社が10番組以上の高画質な番組をデジタル放送で開始する。

　これまで国際的に割り当てられた日本の衛星チャンネルは，8トランスポンダー（現在のアナログ放送なら8チャンネル）であったが，2000年のITU会議の中でさらに4トランスポンダーの追加が認められた。

　現在のアナログ放送が4トランスポンダーで行われていることと，12月からのデジタル放送が4トランスポンダーで行われることに加えて，追加された4トランスポンダーの利用が数年先に開始されること，アナログ放送の終

了する2008年頃には12トランスポンダーを使った数十チャンネルのBSデジタル放送が誕生する。

　日本ばかりでなく，アメリカにおいてもCATVのデジタル放送対応には技術的な問題と，膨大な設備投資の資金確保などから，CATVのM&A（吸収・合併）など普及にはまだ時間がかかりそうな状況である。アメリカのCATVが地上放送に与える影響と対比して，日本の衛星放送はアメリカのCATVにも匹敵する影響を地上放送に与えることになり，これから始まる地上デジタル・テレビ放送への多大な設備投資と番組に対する影響を考えるとき，資金力のない地方局への打撃は大きいものといえる。

地上放送は発展し続けるのか

　なぜ，テレビ放送をデジタル化しなければならないのか？　そこには新しいメディアの登場とデジタル技術による多チャンネル化，記録・編集・加工技術の発達，通信・伝送手段の発達，処理の容易性などが挙げられる。社会を一変させ，日常生活にまで入り込み生活まで変えてしまうハイテク技術は，私たちがこれまでに経験したこともない，21世紀まで続く一大産業革命なのである。

　避けて通ることのできないIT革命の中で，地上デジタル放送はどうなるのであろうか？　20世紀に入り，新聞，ラジオ，テレビの登場と発展に加え，ニュー・メディアと呼ばれる家電製品の数々，VTR，CD，衛星…などをはじめとするさまざまなものが登場したが，ほとんどが今もなお存在し発展して生き続けている。

　20世紀初めに生まれたラジオは，今もなお発展し続けている。20世紀に

街の家電ショップにはデジタル機器が勢揃い

生まれたテレビ技術は人類にとって最大の映像情報メディアであり，永遠に消えることがないと確信する。

その中で，地上テレビ放送は番組の多様性と総合メディアとしての娯楽媒体として，地域情報にも対応するマスメディアとして揺るぎないものを持っている。

データ放送を含む衛星放送の新しい展開やCATVによる多様な番組展開は，地上デジタル放送にとって脅威に違いないが，地上テレビ放送としても当然可能であり，携帯・移動受信も含めてそれぞれ簡単に受信でき，地域に密着した情報を提供できるメディアとしてのメリットは他メディアの追随を許すことがないであろう。

アメリカの例を見るまでもなく，たとえ番組シェアの分散があったとしても地上テレビ放送がこれからも限りない努力を続けるならば，21世紀に至っても最大最強のメディアであると確信している。

デジタル放送事情と考察

20世紀も残すところ1ヵ月余りとなった今，2000年12月1日から日本のBS

デジタル放送がいよいよ開始される。

　最近は，携帯電話の爆発的な普及とITやインターネットなどの言葉が日常的に使われるようになったため，デジタルという言葉に違和感はないが，デジタル放送がどんなものか，一般の人たちにとってはよくわからないし，放送が見られるのならアナログでもデジタルでもかまわないということだろう。事実，CS放送のスカイパーフェクTVが1996年から100チャンネル以上の番組をデジタルで放送していることを，知らないで受信している人も多いはずである。

　しかし，BSのデジタル放送が始まればNHKを含めて8社，10チャンネル以上の番組が新しく放送され，さらにデータ放送や音声放送なども加わるとなれば，多少なりともこれまでとは違った受け止め方をされるだろう。その上に，2003年からは地上放送が関東・中京・近畿でデジタル化され，多彩な番組やデータ放送なども加わるとなれば捉え方も違ってくる。

　ここでは，海外情報も含めてデジタル放送事情がどのようになっているのか，21世紀に向かってどのようにデジタル放送が進むのか考えてみたい。

放送のデジタル化の始まり

　世界で放送のデジタル化が最初に始ったのは，衛星からである。CATVへの番組配信を世界で初めて衛星を使って始めたのもアメリカなら，衛星によるデジタル放送を1994年6月から世界で初めて行い，デジタル放送による多チャンネル（約200ch）放送サービスを開始したのもアメリカであった。

　当時，既に全米の70％近い世帯がCATVによる受信を行っていることもあり，それほど大きなインパクトはなかったものの，放送衛星による世界で

第8章　地上放送はこれからも最強メディアなのか

初めてのデジタル放送であったことは間違いない。その後，日本のパーフェクTVがJC-SAT3号機を使い，1996年10月から（200ch）デジタル放送を開始した。

　アメリカの衛星デジタル放送は既に2千万世帯で受信されており，日本でも衛星デジタル放送のスカイパーフェクTVが2百数十万世帯に受信されているにもかかわらず，それほど大きな話題にもならないのはなぜなのだろうか？　それは，一般視聴者にとってはデジタルでもアナログでも，放送を見るだけなら何も変わりがないというとなのである。アメリカの衛星デジタル放送は，ケーブルでも地上放送でも見ることのできない地域をターゲットにスタートさせたが，古いケーブルに比べて画像のきれいさもあって予想以上に視聴世帯が得られたのである。日本の衛星デジタル放送は，アナログ放送と比べて番組数が増えたとはいえ番組内容はあまり変わらず，番組を提供する委託放送事業者にとってはデジタル化によって放送料金のコストが下がったことにのみ大きなメリットがあった。

　それと比べて現在の日本のBS放送は，アナログ放送であるにもかかわらず1千5百万世帯が受信し，大きな放送メディアとなっている。そこには，今までと違った番組送出と編成・演出があり，新しいメディアとしての何

ケーブル・テレビ局のホームページの一例

かがある。

　パソコン，インターネット，携帯電話，携帯端末など，デジタル化が進む中で，放送のデジタル化も大きな話題となり始めた。そこには，単なる放送のデジタル化ではない何かが秘められ，うかがわせる何かがあった。HDTV，データ放送，多チャンネル，インターネット，etc。

　1998年9月23日，イギリスBBCは世界で初めての地上デジタル放送の幕を開け，イギリスの衛星放送BSKYBもルクセンブルグのアストラ衛星2A号機を使って10月1日から140チャンネルの放送を開始した。続いてアメリカは11月1日から地上デジタル放送を開始した。

　デジタルによる新しい放送がスタートした今，いったい何が変わったのだろうか？　否，何が変わるのだろうか。イギリスでは，BBCの他に民間放送であるON-DIGITALも地上デジタル放送を11月15日から開始した。BBCは，アナログ放送のBBC1，2のサイマル放送に加えて，議会チャンネル，ドキュメンタリー，エンタテイメント，ニュース専用チャンネル，BBCワールド，BBCテキスト，デジタル・ラジオなど多くの番組を開始した。イギリスのデジタル放送の特徴は，高画質化ではなく新しいスタイル

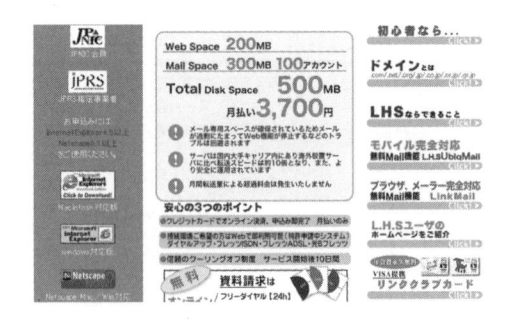

インターネット接続のためのプロバイダーのホームページの一例

の多チャンネル放送であった。

　一方，アメリカといえば高画質化と多チャンネル化を謳い，華々しいPRを行ってのスタートであったが，機材の不備やデータ放送の規格も未決定のままスタートさせたこと，受信機の高価格なこともあってか，いま一つ盛り上がりに欠けている。

次々と始まる放送のデジタル化の必要性

　地上デジタル放送のスタートから2年が経過したイギリスでは，ルパード・マードックの率いる衛星放送BSKYBが行った受信機コンバータの無料配布が功を奏し，地上デジタル放送も巻き込んだ普及作戦により8月現在の受信機普及台数は衛星（420万台），地上（80万台），CATV（60万台）を含めて560万台となっている。それに引き換え，イギリスの4倍以上の世帯数を持つアメリカ（約9千2百万世帯）は受信機の普及がわずか16万台に留まっている。いったい何が原因で，このような結果を招いているのだろうか。

　さて，イギリスやアメリカに続くデジタル放送の現状はどうなのだろうか。日本の状況は後で述べるとして，世界各国で地上放送のデジタル化の動きが活発になっており，2000年末の今，これから数年の間にヨーロッパを中心としてデジタル放送が次々開始される機運になっている。

　日本のように狭い国土の中で1万5千局もの放送局があるのと違い，周波数資源の問題もあまりないと思っていたところ，意外にもヨーロッパは混信問題が多いことがわかった。ヨーロッパは，陸続きのため隣国との混信に日頃から悩まされており，島国である日本は混信がなくて羨ましいとさえ思っているようだ。

そこで，ヨーロッパの各国は放送を取り巻く世界的なデジタル化の動向が活発になってきたことを受けて，早く周波数資源を確保するため動き始めたと考えられる．既に放送を開始したと伝えられるスウェーデン，スペイン，アイルランドを筆頭に，今後，イタリア，フィンランド，ノルウェー，フランス，ポルトガル，スイス，オランダ，ドイツなど，2003年までに続々と計画されている．

　アジアにおいてもオーストラリア，韓国が本放送を間近に控えており，日本は2003年の本放送を目指して実験が行われている．特に，日本の地上デジタル放送では放送方式は別として，映像，音声，データ放送のフォーマットなどで衛星放送とも整合性を持たせており，今後の普及において好都合な状況にある．

　普及の著しいイギリスと比べてアメリカはなぜ遅れをとっているのだろうか？　その理由として次の三つが考えられる．

　一つは受信機の高価格と番組内容の貧弱さ，二つ目はゴースト妨害に極めて弱い放送方式を採用したことによる受信のむずかしさ，三つ目にはCATVの発達したアメリカでケーブルによる伝送の規格が一つにまとまっていないことが，大きな原因と考えられる．

　特にケーブルによる伝送では，アナログ放送で取られているマストキャリー法に基づく伝送の義務付けがまとまっていないことと，ケーブル伝送規格の統一，空きエリアの確保が必要条件である．

日本のデジタル放送は

　日本のデジタル放送では，衛星デジタル放送が先行し2000年12月から始

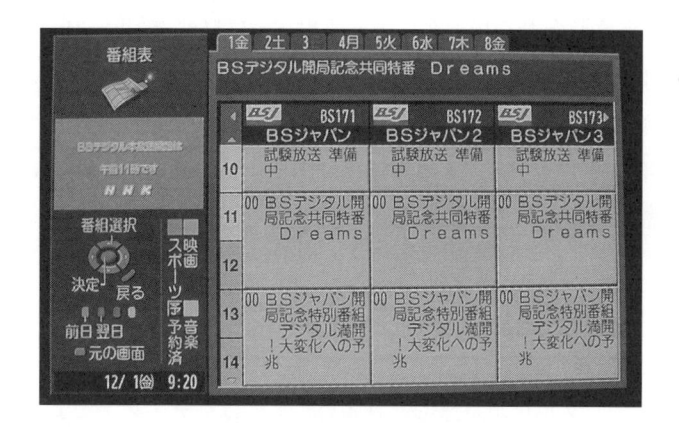

第8章　地上放送はこれからも最強メディアなのか

衛星デジタル放送の受信画像

まるBSデジタル放送に向けてBS8社は開局準備に追われている。

　既に1千5百万世帯が受信しているBSアナログ放送だが，直接受信している視聴者だけでなくケーブルによる視聴者を入れての数字であるため，BSデジタル放送の受信はケーブル施設の充実が必須である。特に，アナログの場合と違いデジタルでは，データ放送やEPG，多チャンネル放送にも対応する必要があるため，デジタル信号でのケーブル伝送が必要で，ケーブル施設の都市型化と普及が急がれている。

　今後，BSの全トランスポンダーがデジタル放送として使われ，さらにBSと同じ軌道に打ち上げられるCS110度衛星放送までケーブルで受信するためには，ケーブル施設の770メガ化が必須となる。その上，2003年に始まる地上デジタル放送も取り込まなければならないとなると，ケーブルの普及は日本の放送のデジタル化にとって重要なキーワードになるに違いない。特に，ケーブルの普及が必要なわけは，衛星受信がビル影や建物の位置によってできないところが発生するため，ケーブル抜きでは最大でも全世帯の

50％程度しか見られないことによる。現状では取り急ぎBS対応を行い，引き続き地上デジタル放送への対応が迫られる。日本のケーブル施設は普及が遅れた分，都市型への切り替えも早められることから，ケーブルによる電話利用，インターネットの高速化対応とテレビ放送のデジタル化による広帯域都市型施設へと急速に発展するに違いない。

デジタル放送による新しい試み

　放送のデジタル化が急速に進み始めた裏には，ディスクによる記録媒体の急速な発展やインターネット，マルチメディア，データ放送の動きがある。特に，テレビのVTR記録からディスク記録へと変わりつつあることが，これからのテレビの本質にかかわる問題として捉えられている。

　ヨーロッパの中でも飛びぬけてデジタル化の進みはじめたイギリスを中心に，今年のヨーロッパ放送機器展であるIBC2000においては，ハード・ディスクを使ったホームサーバPDR（Personal Digital Recorder）によるバーチャル・チャンネルの登場が家庭におけるビデオ・オン・デマンドを実現し，新しくデータ放送の欧州規格がまとまったことからMHP(Multimedia Home Platform)としてインターネット，Eコマース，ゲームなどが自由に扱えるようになる。

　ホームサーバが普及したとき，CM飛ばしや特定CMの提示，視聴者の嗜好に合わせたCMや番組の選択が管理センターでも把握できることから，放送側にとっても重要なノウハウとなる。逆に，視聴者の好みに合わせた情報提供も容易になることから，スポンサーや番組制作者にとっても無関心では済まされない。民放にとっては，今までの放送のあり方を根本から考

BSデジタル放送によるデータ放送の一例

え直すときが来ているのではないだろうか。

2000年のIBCにおいても、ホームサーバとTV-ANYTIMEが話題となっている。デジタル関連の急速な登場と発展が21世紀の放送メディアをまったく新しいものへと移し替え、我々が予想もしないメディアとして登場してくる。日本の地上デジタル放送が、どのように変身するのか楽しみでもある。

本格的なデジタル時代の幕開け

21世紀まで後1ヵ月となった12月1日午前11時、民放・NHKを含む8社が放送衛星BSから、HDTVを中心としたデータ放送を含むデジタル放送を開始した。

我が国でのデジタル放送は、1996年からCSによる衛星デジタル放送が開始されているが、これまでのアナログ放送を単にデジタル方式に変えただけのものであり、一部のデータ放送は行われているものの、専門放送とし

種類		放送局名	テレビ放送	BSラジオ放送	データ放送	ホームページアドレス お問い合わせ電話番号
公共放送	NHK	NHK BS1	1 ch (101ch)	口座支払いの場合、各局2890円（カラー一律受信料を含む）。すでにアナログBS放送契約をしている場合は地上波の受信料のみ	700ch／701ch	www.nhk.or.jp 0570-066066
	NHK	NHK BS2	2 ch (102ch)			
	NHK	NHKデジタルハイビジョン	3 ch (103ch)			
無料放送	BS日テレ	BS日テレ	4 ch (141ch)	444ch／445ch	744ch／745ch／746ch	www.bs-n.co.jp 03-5275-1111
	ABS朝日	BS朝日	5 ch (151ch)	455ch／456ch	753ch／755ch	www.bs-asahi.co.jp 03-5412-9200
	BS-i	BS-i	6 ch (161ch)	461ch／462ch	766ch	www.bs-i.co.jp 03-3224-6000
	BSジャパン	BSジャパン	7 ch (171ch)	471ch／472ch	777ch	www.bs-j.co.jp 03-3435-4850
	BSフジ	BSフジ	8 ch (181ch)	488ch／489ch	リモコンの[d]と加算されているボタンを押す。	www.bsfuji.tv 03-5500-5811
有料放送	WOWOW	WOWOW	9 ch (191ch～193ch) 加入料2000円、月額視聴料2300円、加入契約が必要です	491ch／492ch*	791ch*	www.wowow.co.jp 0570-008080
	スター・チャンネルBS	スター・チャンネルBS	10ch (200ch) 加入料2000円、月額視聴料1300円、毎月中込が必要。		800ch*	www.star-ch.co.jp 0570-010-110

BSデジタル放送一覧

てのCSデジタル放送は一般国民にとって馴染み深いものでもなかった。

放送がアナログからデジタルに変わっただけでは，視聴者にとっては何の興味もないといえるが，付加価値としてのソフトが加われば話が違ってくる。これまでBS放送ではアナログ衛星放送としてNHKの2番組，WOWOW，ハイビジョン放送の4番組が行われ，地上放送には見られない斬新な番組編成によって急成長し，1千5百万世帯が視聴するまでに至った。

大きな放送メディアとして成長したBSによるデジタル放送の開始は，参加する放送事業者が東京キー局を中心とした企業であることから，一般国民の期待も大きくその影響力は計り知れないものがある。

BSがデジタル化されることによって，大量の放送番組伝送やデータ放送が可能となるため，BSデジタル放送の開始は我が国における本格的なデジタル放送時代の幕開けといっても過言ではない。

世界の放送のデジタル化は，1994年にアメリカが放送衛星を使って開始したのが最初であった。全米の70％をカバーするCATVや地上放送を受信できない地域の1千万世帯をターゲットに，USSB，DIRECTVなどが多チャンネルで放送を開始した。

このデジタル衛星放送は鮮明な映像によって，古い設備で画質の悪いCATV層まで取り込み，今では全米の2千万世帯が受信するまでに成長し，データ放送の開始と合わせた双方向による新しいメディアとして急速な伸びを示し始めている。

　しかし，世界における本格的なデジタル放送のスタートは，英米による1998年の地上デジタル放送である。イギリスは1998年9月23日にBBCが地上デジタル放送を開始し，アストラ衛星を使った衛星放送BSKYBは10月1日から140チャンネルで放送を開始した。2000年11月現在，イギリスでは衛星，地上，CATVを合わせておよそ6百万世帯がデジタル放送を視聴しており，特にデータ放送をヨーロッパ規格に統一したことにより，今後，飛躍的な伸びが予想されている。

　ヨーロッパでは数多くの国々が隣接していることから混信問題には悩まされており，各国がデジタル放送の周波数確保も含めて次々とデジタル化を打ち出し，放送を始めつつある。

　アメリカも1998年11月から地上デジタル放送を開始しているが，諸事情によって伸びはいま一つであるものの，今後データ放送やCATVへの取り込みなどによって普及に期待が込められている。

先行するBSの普及予想

　では，12月1日からスタートしたBS放送はどのように普及をするのだろうか。

　ここに2010年頃の放送メディアを予測する，民放連研究所の「21世紀の新放送ビジョン」の速報（中間集計）がある。

これによれば，BSデジタル放送の世帯普及率は，放送開始後4ヵ月の2001年3月で3.7%を見込み，2005年で30%，2010年では約80%に達すると予測している。この中で，放送開始から2〜3年間はケーブルによるアナログ変換によって普及が進むと想定している。この結果，2010年の地上波とBSの視聴シェアは，

| 地上波テレビ全体 | 64.1%（うち民放　51.3%） |
| BSテレビ全体 | 24.6%（うち民放キー5社系　19.7%） |

となり，地上デジタル放送の普及は2009年に85%の世帯に普及すると述べている。

地上波民放テレビの広告費で見ると，

2000年	2兆134億円（年1.5%の伸び）
2005年	2兆1,690億円（年1.6%のマイナス成長）
2010年	1兆9,923億円

と予測している。

この結果，2010年における総テレビ広告費総額は2兆5,860億円を予測して，

地上波	1兆9,923億円（シェア77%）
BS民放（キー5社系）	4,951億円（シェア19.1%）
その他	993億円（シェア3.9%）

となって，BS民放キー5社系で一社当たり1千億円近い売り上げと，地上民放の大幅なシェア・ダウンが明らかとなる。このデータには現れていないが，大都市圏の民放社の落ち込みより地方民放の落ち込みがほとんどを占めることが予想されるため，正に地方民放にとっては死活問題となる。

このような状況はその時点にならないと答えは出ないかも知れないが，

第8章 地上放送はこれからも最強メディアなのか

少なくとも筋書きとしては十分に考えられるものであり，番組視聴シェアの動向についてはアメリカが歩んだCATVの発展の歴史を振り返りながら，我が国の放送メディアの今後を予測することは，意義のあることといえる。

アメリカに見るシェアの動向

アメリカのテレビ放送発展の歴史には，CATVの発展が大きく寄与している。1972年，アメリカ政府はオープンスカイポリシーを発表し，民間企業が通信衛星を使って番組を伝送することが可能となった。

それまで大都市などのテレビ難視・共聴対策として使われていたCATVに加えて，1975年にはHBOが通信衛星サトコム1号から番組の伝送を開始した。その後，続々と衛星による番組伝送が行われ，1980年にはCNNも放送を開始した。

当時，圧倒的なシェアを誇っていた3大ネットワークにとって，CATVは競争相手ではなかった。「CATVはわずか1％のシェアを多くの局で取り合っているだけ」と豪語していたネットワークだが，その後，次第に頭角を現わし始めたCATVはプライム・タイムのシェアを食い始め，1980年代後期からの急速な伸びによって，ネットワークのシェアは40％を切るほどになってしまった。今や，アメリカのCATVは全米世帯の70％を占めるに至っており，その影響力は多大なものとなっている。

日本の場合，多くの中継局を持つ地上テレビ放送の100％近い普及と，通信衛星利用のスカイポリシー政策の遅れによって，CATVは長い間ビルや都会の難視共聴設備として使われてきた。

その間，BS衛星放送が着実に発展を遂げ，CATVに替わるメディアとし

て新しい番組の提供を行い，地上放送のシェアを狙うに至った。

　CATVの普及発展から衛星放送の発展も進めているアメリカでは，今後，新しいデジタル技術を背景に双方向メディアとしてお互いの特徴を生かしたデジタル統合のメディア社会へと発展することになる。

　日本のCATVは，通信衛星による番組配信と都市型ケーブルの大規模化，デジタル技術の発展によって，インターネット，電話，テレビ，データなどの情報を扱うメディアとして急速に発展し始めている。

　今後，BS衛星放送の取り込みも含めて，CATVは地上放送のシェアを大きく取り込み，衛星・CATV一体の統合メディアとなって地上放送の牙城に迫ってくることだろう。

地上デジタル放送の目指すもの

　2010年の民放連研究所の速報データを見るまでもなく，地上デジタル放送はBSデジタル放送の登場と共に始まり，2002年度から始まる予定のCS110度衛星放送，CATVの急速な発展によって，多チャンネル，多メディアの環境が出現し，放送のデジタル化と共に2003年以降メディアのシェアは大きく変わろうとしている。

　テレビ受信機のパソコン化により，これからの受信機は番組に連動したインターネットへの展開，データ放送の多彩な展開が可能となり，ハード・ディスクによる番組記録やデータ放送との連動によってホーム・ネットワークとしてのツールともなる。

　2010年を目指して地上デジタル放送はいかにあるべきかを考えるとき，地域でのブロック化によって体力を強め，衛星やケーブルとは一味違った

第8章 地上放送はこれからも最強メディアなのか

地上デジタル放送のPRをするメーカーのホームページの例

ローカル情報の提供と，モバイルを中心とした新しいサービスの展開が必要なのではと思われる。

BSデジタル放送のスタートでも感じたことは，データ放送のもたらす予想以上の興味ある情報であり，放送のデジタル化によって，これまでの番組だけの放送から，データ放送などマルチメディアを含む新しい形態に変身する必要を痛感させられた。20世紀に生まれたデジタル技術が，21世紀の社会をどのように変えるのか興味深い。

21世紀の地上デジタル放送を占う

21世紀で最初の年，2001年が明けて地上放送のデジタル化もいよいよ間近に迫ってきた。2000年12月のBSデジタル放送の開始は，我が国における本格的なデジタル放送時代を予見する画期的なできごとであり，放送史に残る一大転換期でもあった。

これに続く2003年から始まる地上デジタル放送の開始は，史上最大の放送革命となる。1990年代に始まった通信・放送のデジタル化技術の急速な

進展と共に，家電製品やパソコン関連機器，記録技術など，科学技術のビッグバンによって放送のデジタル化は1990年代後半から世界的に急速に進み始めた。

　BSデジタル放送の普及と合わせて，これから始まる地上デジタル放送はどのような発展を遂げるのだろうか？　放送を取り巻く通信技術やさまざまなメディアによって放送は大きく変わろうとしている。否，どのように変わらなければならないのだろうか？

　放送を取り巻くメディアの動きを追いながら，21世紀の地上デジタル放送の進路を考えてみたい。

放送のデジタル化は進むのだろうか

　放送がアナログだろうとデジタルだろうと一般視聴者にとっては何の意味も持っていない。視聴者にとっては，自分の見たい番組や情報が得られるなら放送方式などはどちらでもよいだろう。情報の増加と放送・映像メディアが多様化し発展する中で，もし放送がこれまでどおりの放送を漫然と続けるなら，視聴者は他メディアに移って行くことは間違いない。

　それなら放送も他メディアを取り込み，参入し，新しい放送のスタイルを確立しなければならない。では，現在の限られた放送帯域の中で放送を多様化するにはどうすればよいのだろうか。デジタル技術は情報の圧縮によってさまざまな情報の加工や取り込みを可能にする。時代の流れ，放送のデジタル化は今や避けて通ることはできない。

　しかし，放送がデジタル化され多チャンネル化されたといっても，それだけでは放送を普及発展させることはできない。たとえば，アナログ放送

第8章　地上放送はこれからも最強メディアなのか

であるBS放送が1千5百万世帯にまで普及したのは，それまでNHK総合テレビと教育テレビの難視対策だけに使われていた放送を，新しい海外の放送メディアを積極的に取り入れたことにより，視聴者の数は爆発的に伸び始めた。

　我が国ではCATVがアメリカのように発達しておらず，地上放送の各局が同じような番組編成で放送を流していたとき，海外の3大ネットワークを含む新しい放送メディアが国民にとってどれほど新鮮であったことか。

　時代は大きく変わり20世紀も終わる頃，新しいスタイルのBSデジタル放送がスタートした。キー局を中心としたテレビ8社がリードし，音声専門局4社，データ放送専門局7社を交えたBSデジタル放送の同時開局は，視聴者にとって番組選択の幅が広がったことであり新しいメディアの登場に他ならなかった。

　BSデジタル放送は今，スタート時における各局データ放送のトラブルや放送上の不備はあったものの，順調に伸び始めている。

　しかし問題がないわけではない。

BS/CSアンテナの一例

BS普及上の問題

　BSデジタル放送がスタートした当時の受信機の普及台数は，チューナー12万台，一体型受信機7.4万台の計約20万台といわれている。
　チューナーは街の電気店では品切れ，一体型受信機はわずかに残っているものの値段が高いことから売れ行きは今ひとつ，チューナーの在庫不足の原因はメーカーの生産体制に読み違いがあったことが上げられている。かつて，民放がワイド・テレビの放送を始めるといいながらほとんど放送が行われなかった苦い経験から，メーカーは売れるかどうかは番組次第ととらえ，様子見の構えをとった結果による。
　好調な出足に驚いたメーカーや販売店は年末商戦の不備を悔やんで，量産体制を敷き始めたものの思うように量産が進まず，焦りの色を隠せない状態にある。
　受信機の製造に必要な重要な部品であるIC（集積回路）が，携帯電話の量産体制に奪われているとの情報が聞こえてくる。それもあることは事実だが，実態はメーカーの量産体制が思うように進まないことにある。
　製造したICの歩留まりが悪いのである。デジタル放送に使われるICは，何百万個ものトランジスタが親指ほどの大きさに集積される。その結果，発熱をいかに抑えるかが技術の見せどころで，ICが5ボルトで動作していたのは遠い昔の話，今では3ボルトが主流で，0.1ボルト下げるだけでも発熱がまったく違ってくる。
　電圧を下げると動作周波数が下がり使えなくなるため，メーカーは発熱を抑え動作周波数を上げて歩留まりを改善すべく，日夜にわたる努力を続

けている。

現在，チューナーを製造しているメーカーは数社で，他のメーカーはOEMと呼ばれる製品供給によって自社製品として販売している。

製造メーカーの開発努力によって，やがて問題は解決することは間違いないだろう。一方，BSデジタル放送の開始に合わせて，総務省の指導のもとにCATV各社はデジタル再送信に拍車をかけており，受信機の供給は追いつかないものの，12月の開局時点では100万世帯が受信可能となっている。

CATV業界は今，ケーブルのデジタル化とインターネットの広帯域化などで大きく伸び始めており，BSデジタル放送やこれから始まる地上デジタル放送の普及に貢献することになる。

ヨーロッパ・アメリカに見る普及の違い

ここで，1998年9月と11月にそれぞれ地上デジタル放送を開始したイギリスとアメリカを比較する。

2年数ヶ月が経過したイギリスでは，衛星（BSKYB）が4百数10万世帯，地上が約100万世帯，ケーブルが60万以上の世帯に普及し，合わせて6百万に迫る普及は，イギリス全世帯の20％を超えるものであり，順調にデジタル化が広がっている証拠でもある。

地上デジタル放送のBBCでは，これまでのアナログ放送であるBBC1，2のサイマル放送の他，デジタル放送として議会番組，ドキュメンタリー，ニュース，エンタテイメントなどに加え，TEXT放送やラジオなど9番組を流している。

特にヨーロッパがMHP（マルチメディア・ホーム・プラットフォーム）

として衛星，ケーブル，地上の間で共通化したヨーロッパデータ放送規格の統一によって，データ放送，インターネットを含めた展開が進められている。

一方，アメリカでは地上デジタル放送は受信機が25万台程度しか普及しておらず，ケーブルにおいてもデジタル化の動きは活発ではない。全世帯の70%がケーブルで視聴している現実と，BSデジタル放送が2千5百万世帯で受信されていること，そしてケーブルも地上波も見られない世帯に加えて，さらに衛星によるデータ放送が大きく伸びていることもあって，地上波は完全に行き詰まっている。

日本の地上デジタル放送は何を求めればよいのだろうか

いったい地上デジタル放送は，これからどうすればよいのだろうか。インターネットの普及，DVDやハード・ディスクに始まるパッケージ・メディアや記録媒体の登場，放送メディアの多チャンネル化など，さまざまなメディアが続々と登場する中で，人間の一日あたりの視聴時間には限りがあり，せいぜい平均3時間を少し超える程度である。

高速データ伝送に欠かせない光ファイバー・ケーブル（矢印）

第8章　地上放送はこれからも最強メディアなのか

　メディアの多様化と放送番組の多チャンネル化によって番組視聴はますます分散化し，新しい記録媒体の登場が視聴時間帯までも分散化するだろう。これまで停滞を続けていた日本のCATVはますます活気づき，通信事業者と手を結び光ケーブルによる広帯域化を進めるとともに，インターネットのブロード・バンド化までも構築する。

　これまでせいぜい駒落としの映像しか送れなかったインターネットが，やがて動画像の伝送を可能にし，放送の領域までも進入してくることになる。地上波にとってこれまでのアナログ放送だけを守り通すことは最早自らを衰退させるだけであり，新しい手を打たなければ生き残ることはできなくなるだろう。

　しかし地上デジタル放送が生き残ることは工夫次第で十分可能であり，広帯域の伝送チャンネルを持つ強みを生かして，最強のメディアとして生き残ることさえ可能である。

　放送の高画質化だけにとらわれず，多チャンネル化を逆手に取った時差送出や視聴者が選択するマルチ・アングル放送も考えられるし，広帯域化するインターネットへの番組送出も必要となるだろう。衛星，ケーブル，パッケージ・メディアなども含めて，他メディアへ進出することは当然ターゲットに入れておくべきことでもある。

　また，地上放送にとってローカル情報の開拓と情報番組の展開は不可欠な要素でもある。データ放送による地域情報の提供はモバイルによる地域活性化にもつながるであろうし，双方向番組や番組連動のデータ放送がインターネットと連動して視聴者の新しいニーズに応えることができる。

　これからの地上放送が衛星にも勝り，ケーブルにも勝るものといえば，移動体や携帯受信が可能なモバイル対応である。番組の送出はもちろんの

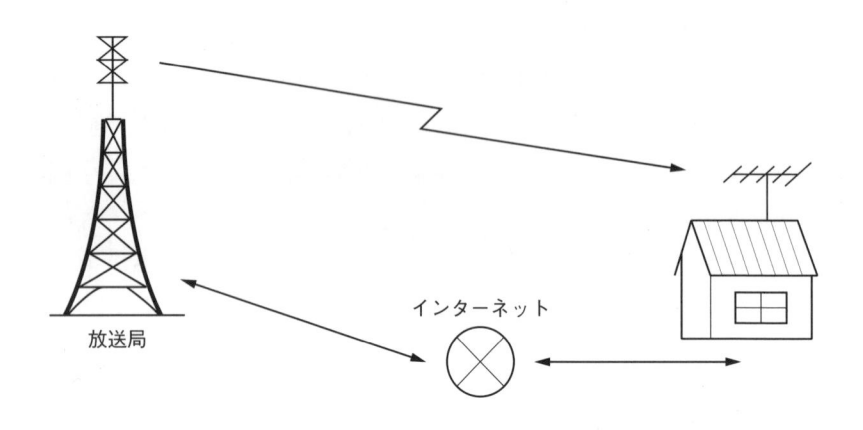

デジタル放送における双方向機能の概念

こと双方向性機能を備えて，多彩な情報のダウンロードやリクエストに応えられるデータ放送と一体となったモバイル放送サービスによって，これまでの放送にない新しい分野を開拓できる。

ヨーロッパ各国で100%近いケーブルの普及した国では，地上デジタル放送で検討すべきことは，モバイル放送であると考えている。

地上デジタル放送が生き抜く手段は，地域のブロック化を図るばかりではなく，新しいメディアへの参画と取り込みによって，現放送メディアを最強のメディアとして生かすことができるに違いない。

第9章
デジタル家電と
ネットワーク技術

> この章の記事は2001年2月と3月に
> 讀賣テレビSHAHOに発表されたものをもとに再編集したものです

次々と登場し始めたデジタル家電とネットワーク技術

　2000年12月1日から放送を開始したBSデジタル放送と符合して，BSデジタル放送チューナーを筆頭にデジタル家電と呼ばれる製品が次々と登場し始めた。

　21世紀に花開く本格的なデジタル時代を想定し，家電メーカー各社はさまざまなパターンのホーム・ネットワークとデジタル家電のあり方を研究し，モデルの構築を進めている。

　ここでは少し趣向を変えて，デジタル家電を中心にデジタル放送のあり方を探ってみたい。

　以前にも書いたことだが，見たい番組がいつでも見られる時代が今，まさに実現し始めた。毎日，残業で遅くに帰って来ても，疲れた身体をリラックスして，自分の見たい番組が簡単な操作ですぐに見られるとなれば，これほど嬉しいことはない。今まで夢物語として考えられていた技術があっという間に実現し，次々と新しい技術が登場して，気が付けばもう追いつけないスピードで通り過ぎて行く時代の到来である。

　しかし，これからは高齢化社会へと進む。人にやさしい新しい技術の登場こそが，本当のデジタル技術の時代ともいえるのだろう。

ホーム・ネットワーク技術の登場

　今では，どこの家庭でもテレビが2，3台あるのは普通であり，ビデオ録画のVTRなども含めるとさらに多くなる。これらのテレビやビデオにつな

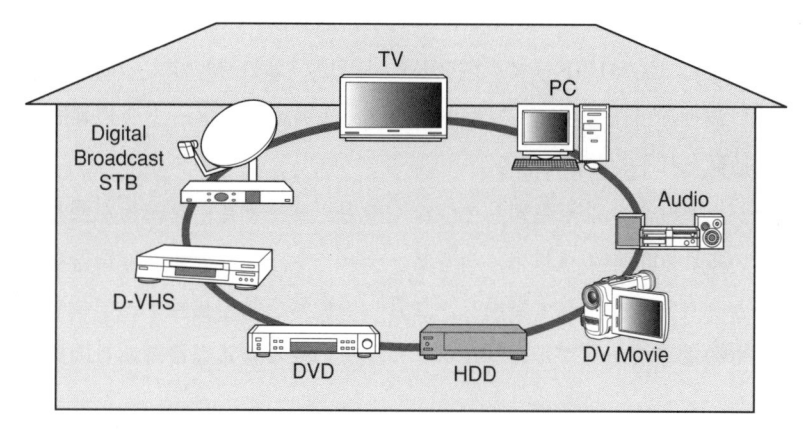

第9章　デジタル家電とネットワーク技術

これからはホーム・ネットワークが重要な位置を占める

がっているのは屋根上のアンテナ・ケーブルやCATVのケーブルである。1本のケーブルによって多くのテレビやビデオがつながっている状態，これはまさにネットワークの一つでもある。

最近，急速に普及が進み始めたパソコンとインターネット通信，一家に数台のパソコンを持つ家庭も多くなってきた。パソコンをインターネットにつなぐ電話ケーブルは，1台のパソコンにつなげば2台目のパソコンにはもう1本の電話ケーブルが必要となる。

そこで，これまでの電話ケーブルをデジタルのISDN回線に切り替えて，ルータと呼ばれる装置を備えることでパソコンを何台でもつなぐことが可能となり，共同でインターネットを利用することもできるようになる。これがパソコンによる家庭内のLANである。

1本のデジタル回線を利用すれば，家庭内のどこからでも何台ものパソコンが自由にインターネットを楽しむことのできるのは，まさにネットワーク技術の賜物である。このネットワークをさらに無線でつなぐ技術が登場

してきた。ブルートゥース（マイクロ波），無線LAN（IEEE802.11規格・マイクロ波），HOMERF（マイクロ波），IRDA（赤外線）などの名称で，マイクロ波や赤外線を使って家庭内の数メートルから百メートルの範囲で自由に通信を行うことができる。

デジタル化された家電製品をつなぐのも，ネットワーク技術が使われ始めている。2000年の秋以来，テレビ・チューナーやビデオ収録機器などが次々とデジタル化されて登場し，これらの機器を結ぶ接続ケーブルも，これまでのようなケーブルのジャングルを思わせる複雑な接続から開放され始めた。

1本のケーブルがテレビ・チューナーやビデオ・オーディオ機器，冷蔵庫から電子レンジ，家庭内の家電製品に至るまで接続されることで，一つのリモコン端子を操作するだけで自由に制御できる時代が目前に迫って来た。

記録も再生もデジタル信号

2000年4月，松下電器は家庭用デジタル・ビデオ用のハード・ディスクを使った記録・編集のできるノンリニア編集機を家電業界として初めて発売した。80分の記録と編集ができる家庭用編集機は，マニアにとって放送局の編集と同じ処理ができる憧れの製品であった。

8月にはソニーからタイム・シフト視聴を目的とした30GBのハード・ディスク・ビデオ・レコーダーが発売され，続いてビクター，東芝なども次々と新方式のデジタル・ビデオを発売するに至った。

既に，ハード・ディスクとS-VHSを組み合わせた製品や，ハード・ディスクとDVDを組み合わせた製品，D-VHS（S-VHSの収録・再生もできるデジ

第9章 デジタル家電とネットワーク技術

ハード・ディスク録画のすばらしい機能の例

タル・ビデオ）が製品化され発売されている。2001年の2月から3月末にかけてデジタルHD，SD信号からアナログ信号までをデジタル・ストリーム信号として記録・再生できるハード・ディスク・ビデオ・レコーダーや，ダイレクト・ハイビジョン記録・再生とDVカメラの信号処理まで可能な高機能D-VHSビデオ，ハード・ディスクを内蔵したBSデジタル・ハイビジョン・テレビなどの発売が予定されている。

　これらの製品を見ると，大きく分けてディスク・ベースによる記録・再生を中心にしたランダム・アクセスができるものと，テープ・ベースでの大容量の記録・再生を中心にしたものに分類できるが，双方の組み合わせによる多種多様なものがある。

　ハード・ディスクだけのビデオ・ディスク・レコーダーは，タイム・シフト視聴をベースに開発されたもので，2001年3月に発売されるハード・ディスク内蔵の一体型デジタル・ハイビジョン・テレビはまさにこの考えに基づく「見たいときに見たい番組を見ること」の実現であり，テレビ受信の将来のあり方を示唆するものともいわれている。

録画記録を中心とした製品を見ると，ハード・ディスクとS-VHSを組み合わせた製品は，最新の記録技術と全世界に普及しているテープ素材を活かすことのメリットを考えたものであり，ハード・ディスクとDVDを組み合わせた製品は，既にテープ・ソフトを追い抜いたDVD（ビデオ）は次世代記録の本命であり，ランダム・アクセスのできるディスクが次世代の記録媒体の中心と考えたものである。

　一方，D-VHSによるテープを使ったビデオには，ディスクのようなランダム・アクセスこそできないものの，デジタル信号の長時間記録と既存のVHSテープ素材も活かし，デジタル処理まで行えるメリットがある。

BSチューナーを組み合わせたモデル実験

　近畿支援センターでは，現在，製品化されているBSチューナーとD-VHSビデオ・カセット・レコーダーを使ってILINK（IEEE1394規格）によるネットワーク・モデルをセンター内で組み，1本のケーブルだけで接続された家電機器が，映像・音声はもちろんのこと制御に至るまで，1台の機器（たとえばチューナーだけで）を操作すれば，すべての機器が自由に動くことを確認した。

　テレビのリモコンを片手にチューナーに向けてボタンを操作し，BSデジタル放送が受信できることを確認して，同じくリモコン操作でD-VHSビデオの収録や再生はもちろん，これらの機器が自由に動作することを確かめた。

　既に発売されている多くの家電製品の中で，デジタル・カメラや編集機，テレビ，デジタル・ビデオなどにはILINK端子が装備されており，これらの

第9章　デジタル家電とネットワーク技術

DVDレコーダーに装備されているILINK端子（矢印）

機器をILINKケーブルでつなぐだけでネットワークが構築され，これから始まるデジタル家電の普及にとって重要な役割を果たすであろうことがわかる。

データ放送の初オン・エア

　1999年8月から地上デジタル放送実験が近畿地区で開始されて以来，1年半が経過した2001年1月，BSデジタル放送に準拠した放送形式で，データ放送実験が全国に先駆けて正式にオン・エアされた。
　もともと地上デジタル放送におけるデータ放送には正式な記述言語が決まっておらず，CS放送で使われていた言語のMHEGが想定されていたため，その延長線上で設備が持ち込まれていた。その後，1999年秋になって記述言語がXHTMLをベースにした放送用のBML言語に確定したことから，データ放送設備の納入メーカーでありプライム・メーカーの松下電器㈱が自主的にハード・ソフトの大幅な改修を行い，2000年秋に完成させた。これ

BSデジタル放送に準拠した放送形式で，データ放送実験

を受けて，送出装置を納入した㈱東芝がデータ信号の接続調整を行い，2001年1月に完成したものである。

　既に，東京キー局ではデータ放送実験も行われているが，これはあくまでもパソコン・ベースによる送出実験であり，受信機を使ってのリモコン操作による放送受信では全国初のことである。

　近畿支援センターでは，この完成を記念して1月31日に実験関係者に披露し，試作機である地上デジタル放送用受信機やBS受信機，D-VHSビデオなどによるネットワーク構成で，デジタル家電としての本放送を想定した受信実験として披露した。

　これまで室内実験として取り組み，データ放送番組の開発・研究実験を行ってきた実験メンバーにとっては，記念すべきときを迎えることとなった。

　今回のデータ放送設備の完成によりオン・エア実験が可能となったことから，近畿でのデータ放送実験がいよいよ本格化することを期待している。

見え始めた地上デジタル放送のイメージ

　我が国における本格的なデジタル放送として2000年の12月から始まったBSデジタル放送は，3ヶ月を経た今，受信機不足の問題やトラブルもメーカーの努力によって次第に解消し始めており，まずまずの普及状況にある。

　BS日本の漆戸社長が業界紙にコメントした内容によれば，BSを受信している世帯は既に180万に達しており，その内訳はCATVで120万世帯，直接受信が60万世帯となっているという。

　予想以上のスポンサーの獲得と順調な普及によって，年末までには300万世帯に達するのではないかと漆戸社長は述べている。NHKの海老沢会長も記者会見の中で，これまで問題となっていたメーカー側のBSチューナー量産体制も整ってきたことで品不足解消の目途も立ち，見通しも明るくなってきたと述べている。

　しかし，CATVでの受信において一部のCATV施設を除き，受信者の多くがBSデジタル放送をアナログでしか見られない現状では，デジタル放送としての機能を十分に生かしているとは思われない。

　それでもBSデジタル放送の開始によって，視聴者の選択幅が広がったことは間違いない。

　BSデジタル放送についての調査結果を見ると，ほとんどの国民（95%）がBSデジタル放送の開始を知っていて，5人に1人が視聴経験を持っているものの，「受信機を買いたいが時期は未定」といっており，6割以上の人が自宅で放送を見たいと希望している。

　視聴時間については一日の平均視聴は30分が6割以上を占め，番組コンテ

ンツには不満の声もあり，データ放送はほとんど活かされていない。また，「BSが登場しても地上放送の視聴時間は変わらない」とほとんどの人がいっており，BSデジタルに期待するものは映画や音楽などを中心にドラマ，スポーツ・イベント，アニメ，バラエティなどとなっていて，デジタル放送本来の双方向性機能を活かすまでの理解には至っていない。

イギリス・アメリカに見るデジタル放送の現状

1998年秋から地上デジタル放送を開始した米・英の，その後の普及状況はどうなっているのだろうか。

アメリカでは，1,700局以上の地上局の中で182局がようやくデジタル放送を開始したところであり，日本の2倍以上の人口を持つアメリカで受信機の普及が数10万台程度しかない状況は限りなくゼロに近く，2006年の完全デジタル化への移行も達成が危ぶまれることになる。

なぜ，アメリカで普及が進まないのかについては何度か述べたが，一つにはアメリカの地上デジタル方式がイギリスや日本とは違い，ゴーストに極めて弱い方式であるため簡単に受信することができないこと，3大ネットワークがデジタル化での設備導入とHDTVを中心とする機材の設備投資に当初予想していたほどには力を入れていないこと，70％を超えるCATVが地上デジタル放送をほとんど取り込んでいないことが大きな要因である。

放送方式の変更はアメリカの面子にかけてもできないことから，メーカーによる強力なゴースト・キャンセラーの開発が行われており，技術的には解決できると述べてはいるが受信機の価格高騰にもつながり，番組ソフトを提供する放送会社と受信機メーカーとの「鶏と卵論争」は簡単に収ま

第9章 デジタル家電とネットワーク技術

りそうにない。

それと比べて，1994年から開始したアメリカのBSデジタル放送は，CATVを見ることのできない地域ばかりでなく，老朽化した設備で画質の悪いCATVを見ている視聴者にとっても，衛星からの高画質（SDTVではあるが）で多チャンネルなデジタル放送は大きな魅力で，既に2千5百万近い世帯が放送を受信している。

普及の進まない地上デジタル放送に対する衛星デジタル放送の普及は，我々にとっても大きな命題を提供していることになる。

一方，現行アナログ放送のサイマル放送に加えて，ニュース，ドキュメンタリー，エンタテイメント，パーラメント・チャンネルなど，専門性を持った多チャンネル放送による地上デジタル放送を開始したイギリスの地上デジタル放送は，衛星，地上，CATVを含めて6百万世帯以上の普及になっており，日本の人口の半分以下の英国にとって6百万を超える普及は極めて順調な状況と考えてよい。

イギリスはデジタル放送でSDTVによる多チャンネル化を明確に打ち出し，番組の充実を第一に求めたのである。イギリスばかりではない，近年，

サイマル放送
サイマル放送とは，地上デジタル放送が開始されてもアナログ放送が放送されている期間同一の番組が放送されることをいう。

●サイマル放送期間について　サイマル放送期間とはアナログ周波数変更対策（チャンネル変更）にあたって今までのチャンネルと新しいチャンネルとにより同一番組を同時に放送する期間です。対象のテレビ中継局から受信されている方は必ずサイマル放送期間中にチャンネル設定（プリセット）を変更してください。サイマル放送終了後はチャンネル設定の変更を済ませていないと，該当する放送事業者の放送を視聴できなくなります。

ヨーロッパ各国で放送のデジタル化が次々と開始されているが、番組に対する目的意識を明確にしている点が興味のあるテーマである。ヨーロッパの放送はSDTVといっても現行放送も含めて走査線が日本より100本多い625本の方式であるため、画質的にもかなりきれいでありHDTVを必要としない環境にある。

しかし、ヨーロッパでもHDTVは実施するといっており、研究されてはいるが問題はソフトの充実であると考えられている。さらに、データ放送でもヨーロッパ規格がまとまったことにより、マルチメディアとしてのインターネット、Eコマース、なども自由に互換性を持って取り扱えることとなり、ホームサーバの登場とともに堅実な伸びとなっている。

地上デジタル放送に立ちはだかるメディア

我が国では、地上デジタル放送に先立ってBSデジタル放送が2000年12月から開始されたが、視聴者が求める番組イメージは地上波とは違ったものであることが次第に明らかになってきた。番組編成によってもイメージは違ってくることは当然だが、もし、BSでの番組編成を地上と同じにしても視聴習慣を含めて視聴率は同じにはならないはずである。それは、最も手軽に受信することができ、どこへでも受信機を移すことのできる（アンテナ設置の容易さなど）地上放送は、生活に密着した最良のメディアだからである。

しかし、この地上デジタル放送に対抗してBSデジタル放送はもちろん、CATV、インターネット・ブロード・バンド、モバイルと呼ばれる電話や携帯端末が映像、放送メディアの世界に立ちはだかり殴り込みをかけてき

第9章　デジタル家電とネットワーク技術

カーナビはモバイル機器と呼ばれる装置の代表例

た。

　いかに地上放送メディアが強力であっても，油断をすれば見捨てられてしまうことは間違いない。最強のメディアとして地上放送が生き残るためには，強力なソフトと幅広いメディアへの展開が必要となる。

　Iモードを使った携帯電話だけで既に2千万台（2001年2月現在）に達し，最新の携帯電話ではソフトを充実させ，映像やデータのダウンロードから加工までも可能になってきた。CATVによるインターネットの広帯域化によって映像や音楽などのデータが自由に取り込めることとなり，さらに，ブロード・バンドによる映像のダウンロードなども目の前まで近づいて来た。

　CS110度衛星放送による新しい展開もまた2001年末から開始されようとしており，地上デジタル放送の開始までに多くのメディアが登場し発展を続ける。

今，地上デジタル放送が開始するにあたり，片付けなければならない問題は多いが，設備に関する問題やアナ・アナ変換，混信妨害，放送事業の未来像などは改めて考えることとし，番組内容やソフトの充実についての取り組みを急がなければならないだろう。

地上デジタル放送のイメージ

現在放送中のBSデジタル放送では，視聴者からの番組に対する不満の声が聞かれるが，BSデジタルに対するイメージは地上放送とは明らかに異なっている。衛星放送としての番組視聴は劇場の演劇や映画館のようなイメージを持っていて，家庭において一家団欒で大型画面の映像を楽しんだり，データ放送による新しいソフトの展開（インターネットをはじめとする各種マルチメディアへの侵入など）とサーバ機能を備えた映像情報の楽しみである。

地上放送では，明らかに番組編成は総合編成であり，従来の番組展開が基本的に求められるであろうが，放送メディアの多様化を前にして，さらに新しいローカルな番組対応が必要になってくる。

また，BSデジタル放送でのデータ放送の問題点は，アクセスのむずかしさばかりでなく，応答が極めて遅いことである。既に決まったデータ放送の規格であるから止むを得ないが，双方向機能まで考えた衛星データ放送のスピード（伝送速度最大1Mbps）ではとても問題にはならず，ブロード・バンドやADSL，CATVのデータ通信には到底およばないことになる。

地上デジタルのデータ放送をヨーロッパ並みの水準にまで引き上げなければ，実用面で使えなくなってしまうだろう。規格の未だ決まっていない

今，BSデジタル放送での問題を教訓として，データ放送としてのあり方を求めた上で，最良の規格決定を望みたい。
　最大最強のメディアとして，地上デジタル放送はローカル情報の充実したソフトの開発とネットワークとしての番組展開を進め，新しいメディアへ取り組むことによって市場が開けてくるに違いない。

第10章
放送開始を2年後に控えた地上デジタル放送

地上デジタル放送のすべて

> この章の記事は2001年4月と6月から8月に
> 讀賣テレビSHAHOに発表されたものをもとに再編集したものです

動き始めた東名阪各局

　地上デジタル放送は親局チャンネルも内定し，2003年の放送開始を目指していよいよ大詰めを迎えている。地上デジタル放送を実現するには，現在放送中のアナログ放送によるテレビ中継局の周波数変更と送信機の新設，それに伴う視聴者への受信機対策とともに，その対策費用（アナ・アナ変換対策費）などが必要となる。

　一方，放送事業者にとっては局内設備のデジタル化対応や送信所設備の対応ばかりでなく，番組作りやネットワーク対応の問題，番組編成など，デジタル放送時代に対応した新しい営放システム（EDPSのことで，営業データ入力から放送のオン・エア制御までトータルで運用するオンライン・システム）の構築など，新たな対応が迫られている。

　また，民放キー局，NHK，総務省が共同で設置した「地上デジタル放送に関する共同検討委員会」が2001年2月に策定したデジタル大規模中継局の

地上デジタル放送に対応した関西のテレビ局送信共用機

チャンネル・プランをもとに，全国32ヶ所に設置される「地上デジタル放送推進協議会」が中心となって，アナ・アナ変換を推進する。周波数問題やアナ・アナ変換対策費として電波料の利用などと絡み，法改正とともに推進協議会組織（既に設立された8地区を除く）の立ち上げと活動を早急に進めなければならない。

　メーカーにとっても地上デジタル放送の対応では，BSのときのようなチューナー不足や仕様上のミスなどが起きないようにしなければならない。とはいっても地上デジタル放送の規格で未確定のものもあり，受信機を作る上で問題が残っている。

　2001年現在，地上デジタル放送の受信機としては市販されたものはないが，実験用としての小型受信機（製品化サイズ）が1社から製造されており，近畿支援センターには最新の受信機が用意されている。放送規格の未確定な仕様が固まり次第，製品化されると思われるが，2003年12月から放送が始まる1年前にはでき上がっていなければならないだろう。

　電波法改正に基づく省令や告示，行政上の対策などの準備状況，放送事業者の動きや家電メーカーの準備は大丈夫なのだろうか。

準備はどのように進んでいるのか

　2003年の放送開始までのスケジュールを，「地上デジタルテレビ放送標準化協議会」（略称「地上P」）がまとめている。

　「地上P」は地上デジタル放送のARIB*（電波産業会）技術資料の策定を行うために設立されたもので，放送事業者，メーカーなどが使用する「事業者運用規定」を取り決めることを目的としたプロジェクトである。

* ARIB：Association of Radio Industries Businesses

	2001	2002	2003	2004	2005	2006	………	2011
アナログ放送								
アナ・アナ変換								
デジタル放送	関東・近畿・中京							
	その他の地域							

地上デジタル放送開始へのスケジュール

サービス・イメージとして
- 固定，移動，携帯サービスのあり方（パラメーターの絞り込み，モデル化，メニュー化）
- EPG送出，提示手法の考え方（BSと同様の考え方か，別の手段か）
- ネットワークの考え方（地上デジタル・ネットワークのあり方，ネットQの制御手法等）
- エンジニアリング・サービスの送出手段

このプロジェクトのスケジュールによれば，2001年5月を目標にサービス・イメージの策定を行い，これを元にして年末には運用規定を策定する予定となっている。

その後，運用規定を事業者に徹底し2002年末から試験電波の発射となり，6ヵ月を経て試験放送，さらに6ヵ月でいよいよ本放送へと突入する。

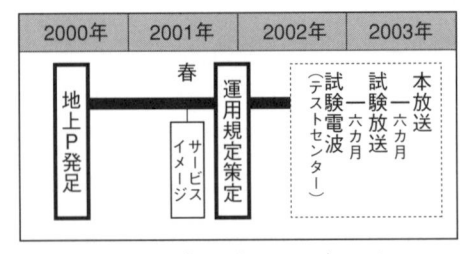

地上デジタル化のスケジュール

これとは別にサービス・イメージと並行してARIB規格の改定が進められている。ARIBの規格は，国の規格である省令・告示を補足する技術的規定を行う民間規格で，事業者にとっては必須の規格である。

今回の改訂では，データ放送にMPEG-4映像，音声符号化方式を追加や受信機におけるメモリー受信を目的とした映像配信サービスが可能となるMPEG-2，MPEG-4のファイル転送も追加されている。また，XMLで記述された位置情報などの文書をBMLのブラウザで扱うことが可能となり，受信機での提示，加工，カー・ナビへの出力も可能となって，カー・ナビの地図上にレストラン情報などを上乗せして提示するようなサービス，道路交通情報サービスも実現できる。特定機能を有する受信機では，データ放送の音声読み上げが可能となる。

このような規格・規定が固まってから，受信機の製品化も可能となり，放送の番組対応も固まってくる。

放送事業者のスケジュールは

これらの計画を踏まえて，放送は2003年から本当に可能なのだろうか？ここに，4月3日に行われた「進む地上デジタル放送の導入計画」（見えて来た地上デジタル放送）セミナーで，NTVの新技術調査企画本部・副本部長・高山　享氏が提示した，2001年から2006年までの時間軸で整理した「放送事業者側の全体計画」を紹介する。

これらの計画が予定どおり進むのかどうかは，ひとえにアナ・アナ変換対策が上手くできるかどうかにかかっている。この対策では，表面にはでないエリア外受信や集合住宅，ホテル，学校，競馬場，競輪場，競艇場等

実施主体	項目	2001	2002	2003	2004	2005	2006
放送事業者	サービスイメージ作成						
業界全体	受信機使用策定						
	実用受信機設定						
	フィールドテスト						
地域会議（地域協議会）	アナ・アナ変換対策						
	全体計画（親局関連）						
地域共同実施組織	アナ・アナ送信対策実施						
	アナ・アナ受信対策実施						
地域共同	親局送信所建設						
	中継局建設（大規模局から順次）						
地域共同	デジタル放送中継局ネットワーク検討						
自社	サービス形態検討						
	局内設備（マスター）						
全国ネットワーク系列	サービス形態検討						
	ネット分配方式検討（映像，データ等）						

放送事業者の全体計画の例（関東広域の例）

によるUHFチャンネルの利用が大きな問題となっている。

　全体計画から見て，相当厳しいスケジュールになることは間違いないが，放送規格や運用規定においてBSデジタルでの経験を生かし，先見性のある拡張性の高いシステムとして完成させなければならないであろう。

地上波を襲うネットワークの脅威
メディアの世界で何が起こっているのか

　2003年の地上デジタル放送開始を目前にして，今，放送メディアの世界に大きな嵐が吹き荒れ始めている。それは放送のデジタル化に伴う一大革命の始まりでもある。

　放送のデジタル化のきっかけといえば，1990年に開催されたヨーロッパ国際放送機器展（IBC'90）に遡る。映像信号のデジタル化は，高度の圧縮技術とIC技術などの技術革新が必要なことから，理論上は理解できても実現はまだ遠い先のことと思われていたが，アメリカのGI社はコンピュー

タ・シミュレーションではあったが，放送映像のデジタル化が可能であることを初めて発表したことに始まる。

その後，放送のデジタル化への取り組みが日米欧を中心に世界的レベルで進められ，1994年にはアメリカがBSデジタル放送を開始し，1996年には日本のJスカイB，DIRECTVがCSデジタル放送を開始した。

その間，放送のデジタル化ばかりでなく，インターネットの普及，DVD，ゲーム機，パソコン，携帯電話など，家電製品から通信ネットワークに至るまでのデジタル技術が，ドッグ・イヤーとかマウス・イヤーといわれる人間の想像を越えたハイ・スピードで進み始めた。

1998年9月23日にイギリスBBCが世界初の地上デジタル放送を開始，続いて10月にはイギリスBSKYB衛星放送が開始されて，11月からはアメリカの地上デジタル放送が開始された。世界の放送がいよいよデジタル化へと動き始めたときでもあった。

放送のデジタル化は番組の多チャンネル化や高画質化を実現し，放送素材の重要性と，放送権，著作権などの管理運用が今後の放送の明暗を分けるとまでいわれるに至った。

携帯電話やインターネットの急速な普及は，これまで停滞気味だった日本のケーブル・テレビを勇気づけ，外資系企業の参入と共に設備の大規模化と光ケーブルなどの高速回線を使って，テレビの多チャンネル伝送，電話，高速インターネット等のサービスも含めた新しいメディアとして動き始めた。

そんな中，2000年12月からNHK，民放キー局を中心としたBSデジタル放送が開始されたのである。視聴者が1千5百万世帯に達しているともいわれるアナログBS放送が，民放局を含めて多チャンネル，高画質，高機能な放

送メディアとして1千日で1千万世帯の普及を目指してデジタル化へと踏み切った。

放送における基幹メディアとして君臨してきた地上放送にとって，BSデジタル放送の登場は，これまで地上放送が確保してきた市場が奪われることを意味する。

メディアの多様化と分散化

かつて90%を超えるプライム・タイムのシェアを誇り，揺るぎない地位を保っていたアメリカの地上ネットワーク放送が，ケーブル・テレビの1980年代後半からの急速な普及に伴い，今では数10%にまで落ち込んでしまった例を見るまでもなく，メディアの多様化と分散化によって地上放送のシェアが低下することは明らかであり，これを防ぐのはむずかしい。

日本では，地上放送のあまねく普及を目指した放送行政政策によってケーブル・テレビの普及は遅々として進まず，未発達の状態が長期間継続したことで，地上放送は安定した基幹メディアとしての地位が確保できたのである。しかし，衛星による番組配信や多チャンネル化，BS放送の普及，インターネットの登場が次第にケーブル・テレビへの加入者増加をもたらし，メディアの多様化と分散化の助走となって現れ始めた。

2000年12月のBSデジタル放送の開始が，日本における本格的なメディアの多様化と分散化を加速し，ケーブル・テレビ事業者を巨大化とネットワーク化の方向へと向かわせ始めている。ネットワークの拡大と高速化がケーブル・テレビ事業者の死活につながるとすれば，ケーブル・テレビ事業者のM&Aは当然であり，外資の参入と共に日本全体をカバーすべく拡大路

第10章　放送開始を2年後に控えた地上デジタル放送

> 　ADSLと呼ばれる従来の電話線を利用した回線の高速化は，条件がよくても最大12Mbpsまでと考えられているが，光ケーブルを使って直接家庭まで引き込めば最大100Mbpsの超高速高帯域の回線が実現する。
> 　このような光ケーブルを使ったブロードバンド（BB）により，高速インターネット通信やハイビジョンまでの映像配信サービスも可能になる。

光ケーブルによるブロード・バンドの概念

線を進まなければケーブル・テレビの未来はない。

　日本でインターネットの利用が一般家庭へと次第に広がり増加するにつれ，映像メディアをリアルに見たいとの要望が強まり，より一層の高速化を利用者から求められた。

　その結果，通常の電話回線を使ったデジタル化（ISDN）技術が登場し高速化へと進み始めたものの，瞬（またた）く間に，より高速のADSL回線技術がアメリカで開発され日本に登場し使われ始めた。従来の電話線を使って，ISDN回線の数10倍の高速化を達成できるADSL技術の導入がインターネットによる映像視聴を加速させ，ケーブル・テレビ事業者を生き返らせた。

光ケーブルを使ったブロード・バンドの登場

　2001年4月，東京都内の一部住宅地域において光ケーブルを使った超高速のブロード・バンド回線が敷設され使用が開始された。光ケーブルを使ってISDN回線の1万倍を超える100Mbpsの回線が一般家庭に敷かれ始めたことは，大手通信事業者にとっても驚きであり，これまでの予想をはるかに越えるものだったに違いない。

光ケーブルで高速インターネット接続を楽しむユーザー

　100Mbpsの超高速回線を使えばデジタル・ハイビジョンはもちろん，映像から通信までの信号を自由に送ることができ，家庭内の情報家電といわれる機器までネットワーク化することが可能になる。

　マウス・イヤーとか呼ばれたデジタル化の流れにあっても，その関係者でさえ数年先と考えていたことが実現したのは，これまでの想像を越えることであり，映像メディアに関係する者にとって，計画の再構築が必要となることは間違いない。

　この光回線を敷設したのはNTTやKDDI，電力，電鉄，ガスなどの大手通信事業者ではなく，新登場のブロード・バンド・ネットワークス（旧，大阪有線）である。

　今，ケーブル・テレビ事業者はBSデジタル放送の開始と共に，アナログ・ケーブル・ネットワークを光ケーブルを使ってインターネットや電話事業まで行えるデジタル化・広帯域化に向けた改修作業の途上にある。

一方，大手通信事業者も全国の家庭にFTTH（Fiber To The Home）の敷設を目指して取り組んでいるが，目標スケジュールの変更に動かざるを得なくなってくる。

　100Mbpsの光ケーブルが家庭に敷かれることで，高速インターネット，ビデオ・オン・デマンドはもちろん，家庭内での情報家電ネットワークが構築できる。

　これはケーブルTV事業者にとっても看過できない問題であり，通信事業者としてもネットワークシェアの獲得を急がなければならない。それ以上に我々放送事業者にとって重要なことは，地上波から見てブロード・バンドの登場はBSデジタル，ケーブル・テレビ，移動体通信と並んでシェアを奪う強力な競争相手となる。

　まさに，地上放送事業者にとっては死活問題にもつながるブロード・バンドの高速・広帯域ネットワークの登場と，衛星，ケーブル・テレビなどのメディアに，我々は今後，どのように対処しなければならないのだろうか？

地上波が最大の基幹メディアとなるために

　では，地上放送がこれからも最大の基幹メディアであり続けるために，新しいネットワークの登場に対してどのように対応しなければならないのだろうか。

　新しいネットワークやメディアの登場によって地上波のシェアが食われることは間違いなく，これだけは覚悟しなければならない。このシェアの減った分をどこで確保し伸ばすかは，各局の知恵と腕の見せどころでもあ

る。

　そこに，発想の転換と，メディアの多様化への展開が必要となってくる。基幹メディアである地上放送は，総合編成によって番組が放送されている。この時間帯はどの年代層をターゲットにして，どのくらいの視聴率を取るのかを想定し，他局の番組をにらみながら最大公約数の番組編成を考えている。

　これは当たり前のことかも知れないが，番組のマルチな展開，すなわち，地上波ばかりでなくすべてのメディアに番組を送出できる体制を作ることを基本とし，基幹メディアとしての地上放送の番組編成とは別に，裏メディア，裏番組対策としての編成体制を作り，新たな番組作りを行う必要があると考えられる。

　ブロード・バンドの登場，BSデジタル，ケーブル，インターネット…など映像メディアを中心としたネットワークの多様な広がりに，視聴者がオン・デマンドで番組を求めるとき，それに応える番組を提供することこそが地上波を基幹メディアとして位置づけることにつながることにもなるだろう。

街中に張り巡らされた電話線・CATVケーブル・光ケーブルなど

第10章　放送開始を2年後に控えた地上デジタル放送

続々登場する情報家電製品

　地上デジタル放送を目指して近畿で実験が開始されたのは，今からわずか2年余り前の1999年4月からだった。そもそも，我が国でデジタル放送なるものが始まったのは5年前の1996年のCSデジタル放送（パーフェクTV）が最初であったが，専門放送としてのデジタル放送は馴染みも薄く，2000年末から始まったBSデジタル放送が本格的なデジタル放送だと，一般には考えられている。

　この2年余りの間にデジタル技術は急速に進み，何年も前から存在したかに見える情報家電（デジタル家電ともいわれる）も実は1年余り前から急速に普及し始めたものが多い。デジタル・ビデオ・カメラやパソコンの普及と高機能化，デジカメやDVDの急速な普及は誰もが認めるところであり，アナログのビデオ録画機に替わるD-VHSやハード・ディスク録画機はこの1年以内に登場したものである。

続々発売される情報家電製品のいろいろ

BSデジタル放送受信機も1年前は，未完成の試作品であった。2000年の7月に開催された沖縄サミットと，年末の放送開始をめざして製品化を急ぐメーカーと放送事業者が一体となり，全国各地でキャンペーン・デモを繰り広げて12月の開局を迎えたものの，放送事業者側とメーカー側の解釈の違いによるミスで受信トラブルも続出したが，今ようやく受信機は安定した状況となった。

　放送開始を2年後に控えた地上デジタル放送では，既に規格化されている省令，告示に基づく標準規格や事業者運用規定も一部がまだまとまっていないことから，受信機の製品化は1年以上先のことと思われるが，現在実験に使われている受信機をベースにメーカーで日夜開発が進められている。このような過酷な状況の中にあっても多くの家電製品や通信手段としての各種の伝送方式が開発され，次々と製品化されている。

　この1年間で一般ユーザーのデジタルへの認識は急速に高まったが，放送開始後1千日で1千万世帯の普及を目指したBSデジタル放送も，開局当初こそ予想を越える急速な伸びを示したものの，今春以降からブレーキがかかり関係者を心配させている。

　BSデジタル放送は期待に応えて普及するのだろうか？　続く地上デジタル放送は今後どのようになるのだろうか？　多角的な切り口から問題点を洗い出し検討したい。

BSデジタルは，なぜ普及にブレーキがかかったのか

　2000年の12月1日から数えて210日が過ぎた今，BSデジタル放送用受信機，チューナーを合わせた現在の普及台数は200万台をわずかに切っている。

第10章　放送開始を2年後に控えた地上デジタル放送

　なぜBSデジタル放送の普及が足踏み状態にあるのか，その原因は幾つか考えられる。

　放送開始前の2000年夏以来BSデジタル放送の大キャンペーンを繰り広げた結果，放送開始当初に行った調査ではほとんどの国民(95%)が放送開始を知っており，5人に1人が視聴経験を持っていて，受信機購入時期は未定だが6割以上の人が自宅で放送を見たいと希望していることが確認されている。

　これを裏付けるように放送開始当初，テレビ・チューナーの売れ行きも好調で10数万台／月の出荷台数となり，メーカーの製造が間に合わないほどの状況となったものの，2月頃からは急速に需要が萎んでしまった。

　この原因は幾つかあるが，番組コンテンツへの不満の声が一つにある。放送開始当初の大キャンペーンのイメージが視聴者の期待を裏切ったともいえるが，BSが登場しても地上放送の視聴時間は変わらないと，ほとんどの人がいっており，BSデジタルに期待するものは従来の地上放送にない新しいタイプの高画質な映画，音楽，ドラマ，スポーツ・イベント，エンタテイメント，アニメ，バラエティなどを中心に双方向機能も活かしたデータ放送を含む準専門放送なのである。

　200万弱の受信世帯のうち，BS直接受信の約70万世帯は別として，残りの120万を超えるCATV受信世帯のほとんどがアナログ変換による受信であるため，データ放送や高画質映像による受信，音楽を中心とした音声放送などの受信もできない状況にある。

　CATV受信世帯の中でデジタル放送のままBS放送を受信できるのは，資金力のある外資系CATVに加入している2万世帯程度にすぎない。そのため，全国のCATV各社は大規模化を目ざして合併・吸収を繰り返しながら設備

のデジタル化を急速に進めている。BSデジタル放送としての機能を活かし，番組を楽しむためにもCATV設備のデジタル化は必須であり，視聴者はディスプレイの大型化へと向かい始めている。

その他，BSの普及を遅らせている原因として考えられるのは，受信機，チューナーの高価格化である。BSの普及にブレーキがかかって以来，既にチューナー価格は約2割のコスト・ダウンとなっている。

デジタル放送の普及要因は意外なところに見える

しかし，BSデジタル放送がこのままで低迷するとは思われない。BS放送事業者8社は受信機の普及を目指して6〜8月の3ヶ月間で，テレビ，チューナー合わせて100万台の販売キャンペーンを展開し始めた。もはや「受信機が高い」「番組がおもしろくない」との「鶏と卵」論争をしている場合ではなくなっている。

BSデジタル放送にとって，取り巻く状況はマイナス要因ばかりではない。

DVDで揃えたビデオ・ライブラリー

第10章　放送開始を2年後に控えた地上デジタル放送

　今，大型テレビ市場が急拡大し始めている。BSデジタル放送の開始とDVDビデオの普及などにより，最近，ホーム・シアターによる視聴が進んできた。大画面プラズマ・ディスプレイのコスト・ダウンと，マンションなど居住面積の拡大と合わせて，視聴者は重いブラウン管テレビから軽くて薄いプラズマ・ディスプレイなどを求め始めており，市場として急速に売れ始めている。BSデジタル受信機とチューナーの価格も受信世帯の増加と共に，より一層のコスト・ダウンが図られ，普及促進へつながるものと思われる。
　テレビ放送ばかりでなく，DVDによる映画の高画質視聴やゲームなども含めたホーム・シアターによる視聴がこれからの新しい動きとして注目される。

人に優しい技術のサービス

　これまでもそうであったが，テレビやビデオ，オーディオといった家電製品を接続するだけで頭を悩ます世代の人たちにとって，次々と登場する最近のデジタル情報家電製品はあまりにも複雑で，接続はおろか，使い方さえわからないものが多い。
　高齢化が進む日本の社会にとって，20世紀がハードを中心とした世紀であるならば，21世紀は人に優しいソフトを中心とした世紀でなければならない。
　これまでのテレビやビデオ・オーディオ製品は装置の接続だけで配線のジャングルとなり，知識のない者にとってはテレビさえ手におえないものだったが，少なくとも，最近の情報家電製品ではホーム・ネットワークの

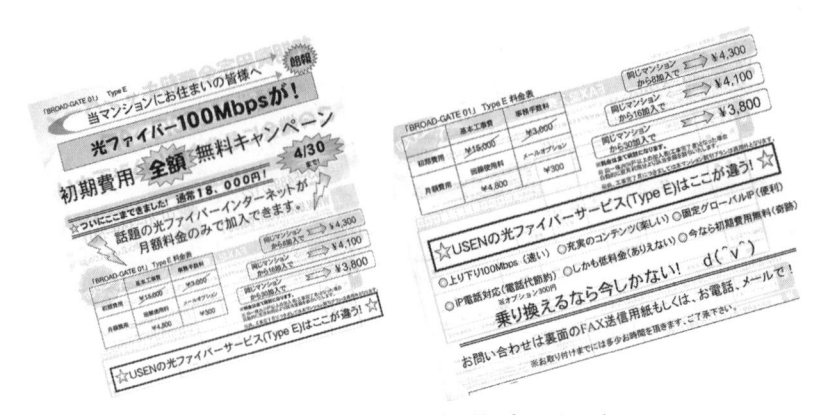

高速ブロード・バンドの加入を誘うパンフレット

考えを取り入れて，1本のデジタル・ケーブルをつなぐだけで家庭内のシステムができ上がり，1台のリモコン操作ですべての機器を動かせるように変わり始めている。

ホーム・ネットワークの完成こそが，これからの新しいデジタル時代を切り開くカギであり，放送と通信の融合が完成するときでもある。今，その芽生えと息吹が少しずつ生じてきた。

ホーム・ネットワークとホーム・シアターの登場が全方位のメディアを対象とするとき，放送メディアはどのように変わるのだろうか。

予想を越える圧縮技術の進歩とブロード・バンド

インターネットの急速な普及から，電話回線のデジタル化（ISDN）技術が登場し，瞬く間にISDNの数10倍高速のADSL回線技術が登場してきた。この技術の登場はインターネットの世界を変えた。これまで駒落としの動画像だった映像も自然な動画像となり，インターネットの映像視聴を，よ

り一層加速させ放送への利用をますます本格的なものにし始めてきた。

　ADSLは既存のアナログ回線を使って約1.5Mbpsの高速通信ができる技術で，日本では現在18万人が利用している。利用者はアメリカや韓国と比べても1/10以下に止まるが，行政上の開放政策もあって加入者数は急速に増えつつある（2003年4月現在7,477,945件）。最近，インターネットのYahooは8Mbpsの広帯域ADSLを開始すると発表（2003年現在12Mbpsが主流となっている），また，有線ブロード・バンドは今年4月から光ファイバーによる100Mbpsによるサービスを東京でスタートさせた。

　ADSLは，光ファイバーによるブロード・バンドが実現するまでの3〜4年間のつなぎの技術ではあるが，これからの約5年間にわたってさまざまなメディアを取り込むだろう。

　1〜2年前と比べてデジタル圧縮技術のアルゴリズムの研究が進み，これまでの2倍近い圧縮効率の向上が見られるようになった。地上デジタル放送による高精細度映像の多チャンネル伝送も可能となるばかりでなく，現在はパソコンとの接続によるADSLや光ブロード・バンド回線を使った映像伝送も，簡単なセット・トップ・ボックスに置き替えることで強力な放送メディアとなることが十分に予想される。

　人に優しいホーム・ネットワークの登場とホーム・シアターの普及，ブロード・バンド・ネットワークの発達によって放送は大きな岐路に直面することになるだろう。

地上デジタル放送の実現と普及を目指して
デジタル化の幕は上がった

　地上デジタル放送の実現を目指して，いよいよ放送関係機関が活動を開

地上デジタル放送はUHF帯の電波を使って行われる

始した。

　今から約2年前の1999年9月，地上デジタル放送の実現に向けて民放，NHKおよび総務省の三者が協力して，地上テレビジョン放送のデジタル化に伴うチャンネル・プランの策定，アナログ周波数変更とそれに伴う影響世帯数の確認および対策費等について検討を行うための「地上デジタル放送に関する共同検討委員会」がスタートした。

　その2年近くに及ぶ検討作業では，全国の関係者からの意見も参考にしながら，三者の共通認識に基づく検討結果を取りまとめて2001年の6月14日に作業は終了した。

　この結果，我が国の狭い国土の中にひしめく1万5千局にも及ぶ地上アナログ放送の周波数を見直し，地上デジタル放送の実現を図るためのアナロ

第10章 放送開始を2年後に控えた地上デジタル放送

グ周波数の変更などを取りまとめ，円滑に作業を行えるよう2001年度で123億円の対策費が用意され，電波法の改正や制度整備が図られた。

いよいよ地上デジタル放送の実現と普及を目指すこととなった今，既に全国32の放送対象地域ごとに民放，NHK，総務省（地方総合通信局）が中心となって「地上デジタル放送推進協議会」が設置されている。

さらに，先の共同検討委員会の機能を受け継ぎ統括する「全国地上デジタル放送推進協議会」が，全国が一体となって対応して行くために2001年7月17日に設立された。

デジタル化への幕は上がった。地上デジタル放送への準備がようやく整った今，いよいよデジタル放送の開始を目指して準備に取りかかり，1953年に初めて我が国でテレビジョン放送が開始されて以来，2003年でちょうど50年目にして地上放送がアナログからデジタル放送へと大変身を遂げることになる。

既に放送の始まっている衛星によるデジタル放送と合わせて，2011年には我が国の放送のすべてがデジタル放送となる。

では，放送のデジタル化とは一体どのような意味を持っているものなのだろうか？

テレビ始まって以来の大革命

大革命というからには，テレビジョン開発の歴史を振り返って見ることが必要になる。

1884年，Nipkow（ニポー）によって円盤による撮像機が開発され，1920年代の初めには世界各国でテレビジョンの開発が行われ始めた。

日本のテレビの父と称される高柳健次郎博士
初めてのテレビ画像はカタカナの「イ」であった
（日本ビクター（株）ホームページから）

　我が国でテレビの生みの親といわれた高柳健次郎が日本初のテレビ「イ」伝送実験に成功したのは，1927年のことである。2年後の1929年には，米・NBC，英・BBC，独・郵政省がテレビの実験放送を行い，ベル研究所においてカラー・テレビの実験に成功した。

　1933年にZworykinが画期的な撮像カメラ「アイコノスコープ」を開発したことにより，テレビは実用化へと急速に進み，1936年には第11回オリンピック放送（ベルリン）が成功し，我が国初のテレビ実験電波発射が1939年にNHK技研で成功した。

　その後，テレビは第二次世界大戦を経て開発が進み，アメリカでは1941年に現在我が国で行われている放送の原型が採択され，放送を開始した後，1953年には現在のカラー放送方式がアメリカRCA社によって開発され，カラー実用化放送が1954年に開始された。

　我が国がテレビ放送を開始したのが1953年であり，カラー放送を開始したのは1960年からである。その後，世界の標準テレビジョン放送方式はアメリカや日本が採用するNTSC方式とヨーロッパのPAL，SECAM方式の3

第10章　放送開始を2年後に控えた地上デジタル放送

方式に別れ，21世紀となった現在まで統一することはできなかった。

1964年の東京オリンピックが終了した後，NHKは将来の高画質な放送を目指してハイビジョンの研究開発を開始し，ヨーロッパにおいてはMAC方式が提案された。

1990年代に入って，デジタル化の機運が急速に高まり標準テレビジョン放送方式も含めて走査線の異なる方式やプログレッシブ方式等が，デジタル放送方式と共に次々と提案され登場し始めた。

しかし，基本的にアナログ放送方式は映像フォーマットに合わせた伝送方式でなければならないのに対し，デジタル放送方式では映像フォーマットと伝送方式は別々のものとして扱うことができるため，衛星放送やケーブル・テレビ放送，地上放送などのように，それぞれの伝送方式が違っていても，同じ信号として取り扱うことが可能となる。

さらに，デジタル信号では映像信号ばかりでなく，音声信号やさまざまな信号をMPEGと呼ばれる統一した信号形式で取り扱うため，受信した信号を原信号に復調し自由に加工することができる。

これは，受信機においてHDTVやSDTVなどの放送を自由に受信できるの

音声や画像を高圧縮できるMPEGの概念

　　Moving Picture Experts Groupの略で，動画像の圧縮・符号化の標準化活動を行った団体の名前。その後，システムの名称にも使われるようになった。
　動画像の精細度や画角サイズなどによりMPEG1，MPEG2，MPEG4，MPEG7などが規格化されている。
　BSデジタル放送や地上デジタル放送ではMPEG2が採用されている。
　移動体向け放送サービスにはMPEG4の採用が検討されているが，方式特許で交渉がもつれ，中断している。

で，放送側も受信側も自由に信号を処理できることを意味する。

このことから考えて見ても，デジタル放送はこれまでの放送とはまったく違うものであり，理論的にはあらゆるフォーマットの映像，音声，データ信号などをデジタル信号として伝送し処理できるもので，テレビ放送が始まって以来の大革命といえる。

まだまだ認知度の低い地上デジタル放送

2000年の12月，鳴り物入りでスタートしたBSデジタル放送では，放送開始前の一般視聴者の認知度が9月時点では数10％以下と低く，慌てたメーカー，放送関係者は大PR作戦を展開した。9月といえば一部のメーカーでチューナーを発売し始めたばかりで，九州沖縄サミットやシドニー・オリンピック中継をBSデジタル放送の実験放送として流すなど，大々的なPRが功を奏して，ようやく一般への認知度が上向いてきた。

放送開始直前には，メーカー側の生産見込み違いと製造上の問題もあってチューナーの品切れ状態が続き，予約しても数週間待ちとなる一般ユーザーも出たが，それでも放送開始1ヶ月後の電通，日本リサーチセンターによる個別聞き取り調査（サンプル数はそれぞれ1,900と1,400）では，「詳しく知っている」「知っている」とを答えた人は合わせて約47％となった。

地上デジタル放送の放送開始までにはあと2年余りがある。しかし，BSのときの轍を踏まないように今から周知活動を展開しなければならないことは当然である。筆者が個人的に知る限りにおいても，現在，地上デジタル放送を理解している人は極めて少ないが，地上放送はBS放送と違い，放送の基幹メディアであり，知らないでは済まされない重要な使命を持ってい

る。

　少なくとも，BSデジタルを含む衛星放送を受信するには，パラボラ・アンテナが必要であり，家の中のどこにでも室内アンテナを持ち運んで自由に受信することはできない。

　災害時の手軽に受信できる放送メディアとして，地上テレビ放送はラジオと並んで極めて大切な情報メディアであり，従来のアナログ放送と比べても確実に受信できる放送でなければならない。

　放送のデジタル化は一般視聴者にとって受信機の買い替えを迫ることになるが，視聴者にデジタル化は時代の流れであるとの説明だけでは納得してくれるはずがない。では，視聴者にとってのメリットとは何だろうか。現在の放送にも増してデジタル放送による付加価値が，視聴者の心を掴む何かがなければならない。

　行政的にも，メーカーに対する受信機のデジタル化への指導と，放送との連携によって受信機の買い替え時期に幅を持たせ，視聴者がサイマル期間中に無理なくデジタル放送を受信できる体制作りが必要であろう。

いよいよ始まるアナ・アナ変換作業

　地上デジタル放送の開始に向けて動き始めた今，スタートはアナ・アナ変換からの開始となる。このアナ・アナ変換とは，いったい何なのだろうか？

　先に述べたことだが，現在，我が国の地上テレビ放送は，狭い国土の中で1万5千局にも及ぶ放送局がひしめき，全国をあまねくサービスしている。このため，テレビ放送に用意されているVHF帯，UHF帯のチャンネルは埋

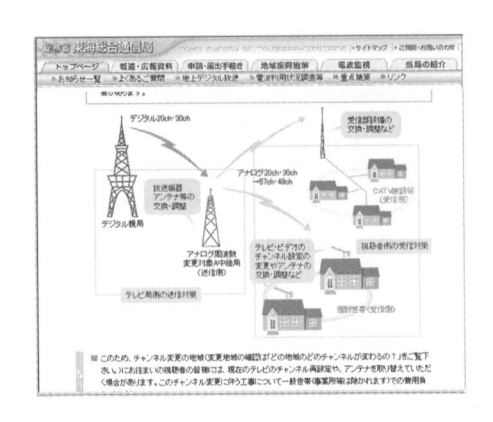

アナ・アナ変換とは（東海総合通信局のホームページから）

め尽くされており，地上デジタル放送の開始に当たってはデジタル放送のためにチャンネルを空ける必要が生じてくる。

　このため，現在使われているチャンネルを見直し，デジタル放送と現行アナログ放送を同時に見ることができるようにチャンネル・プランを練り直し，現行のアナログ放送チャンネルを別のチャンネルに移す作業が必要となる。これをアナ・アナ変換と呼ぶが，讀賣テレビが現在，近畿一円で放送サービスを行うのに使っている中継局数だけで182局もあり，近畿の民放局とNHKが使うチャンネル数だけを考えても膨大な数になる。

　実際には，デジタル放送用として13ch～32chが割り当てられて使用するため，ここで使われている現行アナログ放送チャンネルを33chから上に移し，そこでぶつかる放送チャンネルは次々と玉突きで動かすことが必要になる。この作業を，全国の1万5千局について見直す作業が，コンピュータを使って関係機関で1年以上にわたって行われたのである。

　この結果，地上デジタル放送の実現のために，近畿で行われるアナ・ア

第10章　放送開始を2年後に控えた地上デジタル放送

ナ変換の局数は全部で35局に及び，2001年度で13局，2002年度で8局，2003年度で5局，2004年度で7局，2005年度で2局が変更されることになっている。

ところが現在見ている放送局のチャンネルが上記の理由で変更されると，一般視聴者にはテレビの受信チャンネルを簡単には合わせられず，テレビが見られなくなってしまうため専門の業者（電機店など）に依頼しなければならず，このための費用が発生する。

2001年度には，アナ・アナ変換に伴う放送局の中継局送信設備負担と一般視聴者のテレビ調整などの費用として，全国で123億円が国家予算として認められ，さらに今後，全国の対策が終了するまでには総額で852億円が使われることとなる。

この中には，東京，大阪の系列大手民放局への国家予算による送信設備負担の助成は含まれないことになっている。

一口にアナ・アナ変換といってもこれだけの準備と作業が必要となる。近畿では2001年8月末からいよいよ神戸兵庫中継局（出力10W）に新しいアナ・アナ変換用送信設備を設置する予定になっている。

この新しい電波の発射は11月からの予定であり，YTVの兵庫中継局でいえば2月に47chが62chに変更される。これに合わせて一般受信世帯のテレビの調整が2ヶ月余りの期間に実施されると，続いて，新しい62chをつなぐ次の中継局に送信設備が設置されるといった具合に，作業を次々と進めながら2003年（平成15年）末には近畿の地上デジタル放送が開始されることとなる。

しかし，開局に至る難関はいよいよこれから始まる。

第11章
地上デジタル放送の実現と普及を目指して

> この章の記事は**2001年9月から11月に**
> 讀賣テレビSHAHOに発表されたものをもとに再編集したものです

BSデジタル放送とは比較にならない難事業

　地上テレビ放送をデジタル化するに際して，現行のアナログ・テレビ放送を残したまま新しくデジタル放送を始めなければならない。既に述べたことだが，わが国は狭い国土の中で微小局も含めると約1万5千局がテレビ放送を行っている。このためテレビのVHF帯，UHF帯の放送チャンネルは目一杯にびっしりと使われており，デジタル放送のためのチャンネル（UHF帯）を確保するには，全国の中継局の大幅なチャンネル変更が必要となり，電波資源の有効利用の上からもデジタルの特徴を生かした同一チャンネルを使った放送波中継（SFN）などが必要となってくる。

　下の表をごらん頂きたい。これは日米英のテレビジョン放送局数の比較である。

	日　本	アメリカ	イギリス
親局数	169局	1,752局	236局
中継局数	14,925局	5,184局	4,085局
親局1局当たりの中継局数	88.3局	3.0局	17.3局
国土面積	37.8万km²	936.3万km²	24.2万km²
1局当たりのカバー面積	25.0km²／局	1202.0km²／局	56.0km²／局
人口	1.25億人	2.5億人	5,800万人

　日本のテレビ放送は1953年（昭和28年）に放送が開始されて以来，地上テレビ放送が全国であまねく見られるようにとの総務省の方針に基づき，約1万5千局がアナログ方式で放送を行っている。

第11章　地上デジタル放送の実現と普及を目指して

　アメリカでは日本の25倍の広大な国土の中でわずか7千局が放送を行っているに過ぎず，アメリカ人口の2.5億人を考え合わせると，日本はアメリカの50倍もの密度で置局を行っていることとなり，日本より国土面積の狭いイギリスの置局数は4千3百局余りだが，置局密度は日本の1/4である。

　放送局の中で親局が圧倒的に多いアメリカでは，親局1局当たりの平均中継局数はわずか3局であり，これはアメリカだけの特殊事情としても，イギリスでさえ親局1局当たりの平均中継局数は17局余りであるのに対し，日本での平均中継局数88局はあまりに多い。

　放送局1局当たりの面積では，アメリカは日本の48倍をカバーしていることになり，いかに日本の放送事情が過密で混み入っているのかがわかる。

　ちなみに，近畿地区で讀賣テレビは親局も含めて182局を持ち，近畿一円に放送を行っている。

地上デジタル放送の問題点

　このような状況の中で総務省は，デジタル放送についても現行のアナログ・テレビ放送と同様にあまねく全サービス・エリアをカバーする方針であり，現在のチャンネル不足の状況では可能な限りSFN（同一周波数による中継）方式による放送が不可欠となる。

　しかし，すべての中継局をSFNにすることは技術上の問題もあってできないため，たとえ全エリアをカバーするだけの中継局まで設置しなくても，チャンネル不足は目に見えている。2011年のデジタル放送への全面切替時において，現在のアナログ放送による全テレビ中継局数に相当するまでの建設などは到底できるわけではない。

> アンテナから送信された電波は,受信する方向や場所によってさまざまな経路を通って受信点に届く。電波が受信点に届くまでに,直接届く電波と建物や山岳地帯などによって反射したり,回折したりしてさまざまな届き方をするが,このように一つの電波が複数の経路で受信点に届く場合の伝送をマルチ・パスと呼んでいる。
> アナログ放送では,この結果ゴースト障害と呼ばれる二重,三重になった画像となる。

マルチ・パスの概念

　開局から50年以上をかけて築いてきた中継局の建設には膨大な設備投資が伴い,演奏所設備のデジタル化まで考えれば,開局間もない局や放送エリアの経済基盤の小さい小都市における放送局では,局の経営基盤さえ揺るぎかねない危機をはらんでいる。

　デジタル放送の特徴を生かし,中継局を同一チャンネルで利用することによって電波資源の有効利用を図るSFN方式は,新しいデジタル放送時代の救世主,特効薬のごとくいわれているが,ここにも落とし穴がある。この世の中で一つの方式が,すべてを満足させる特効薬などあるわけがない。

　日本の地上デジタル放送はヨーロッパと並んでOFDM方式を使っているため,マルチ・パスと呼ばれるゴースト信号の影響を排除し安定した受信が可能である。

　この技術を利用して,電波資源の有効利用を図るSFN中継方式は,同一チャンネルを使った中継方式として脚光を浴びているが,ガード・バンドと呼ばれる信号の一区間を利用しているため,同一チャンネルを使った多くの中継局からの電波が受信できる場所では,たとえ同一の番組を送る放送波であっても,ガード・バンドを超える時間差(数10キロ以上*)が生じ

＊:55ページ「ガード・バンドとはどんなものか」参照

た場合は，異種信号となり妨害波となるため受信できない地点が生じる。

　これがデジタル難視と呼ばれるもので，SFN中継放送を行う場合には問題となる。しかし，2011年のサイマル期間が終了して完全デジタル化となるまでは空きチャンネルなどはほとんどないため，結果として中継局の建設も限られることとなる。

　ここに，中継局の数とサービス・エリアのカバー率についてのコンピュータ・シミュレーション結果による資料がある（下表）。

デジタル放送のカバー率	生駒親局のみ	76.3%
	プラス　大規模中継局（30局）	94.1%
	プラス　30W相当未満重要局（6局）	95.0%

　デジタル放送のカバー率としての近畿2府4県を対象としたシミュレーションによれば，親局を含めて37局の放送局があればエリア内の95%が受信可能となる。

　中継局の建設ではもう一つ問題がある。地上デジタル放送では，中継局の設置場所は基本的に現行のアナログ放送と同じ場所が考えられている。現在，YTVはVHF帯を使っていてUHF帯と比べて電波がよく届くため，たとえば遠方の中継局である舞鶴，香住，御坊，海南，赤穂といった中継局では生駒からの電波を直接受信して放送している。これがデジタル放送になれば，UHF帯を使用するため電波が届かず，途中で中継ぎをしなければならなくなってしまう。

　このように，地上デジタル放送実現のためにはさまざまな難関が待ち構えており，他にも現行アナログ放送の受信に対する混信妨害などもあるため，開局までの道のりには解決しなければならない諸問題が多い。

デジタル技術は何をもたらせてくれるのか

　CATVの普及，インターネットの普及に伴うADSL，ブロード・バンドの登場，情報家電の登場，デジタル技術は今や私たちの生活基盤の中に入り込み日常生活のあり方までを変えようとし始めている。その中の一つにデジタル放送も含まれる。

　デジタル放送として，特に，地上デジタル放送は基幹メディアとしてこれからもあり続けるであろうが，科学技術の急速な発展とデジタル技術の幅広い展開・浸透の中では，多様化と分散化は避けることができないであろう。

　地上デジタル放送への完全移行予定である2011年には，社会情勢も大きく変わり，現状のサービス・エリアまでが必要とされるのか疑問もある。山間僻地(へきち)での放送受信には，むしろ衛星による手段が最も適している。アメリカでは，地上放送もケーブルも利用できない視聴者が2千万世帯以上もあったことから，1994年に衛星による多チャンネルのデジタルが開始され，

画質の悪い受信画像の例

第11章　地上デジタル放送の実現と普及を目指して

今では，古いケーブルによる画質の悪い映像を見ていたケーブル受信者なども含めて，画質のきれいな衛星放送を2千5百万世帯近くが視聴している。

一般視聴者にとって，放送のデジタル化だけでは受信機の買い替え負担があるだけで何のメリットもない。デジタル家電の浸透と普及によってテレビ受信機も買い替えとなり，ホーム・ネットワークの普及と付加価値の高い情報提供によって，日常生活に貢献できる。

ホーム・ネットワークがどのようなものか，実現していない今，論ずることはできないかもしれないが，4，5年先には間違いなく新しいホーム・ネットワーク時代に突入する。そのための基盤技術として，当然ながら光ファイバーの普及は必須であり，総合技術としての社会基盤がさらに整備されなければならない。

数年前からいわれていることだが，家電製品の大きな買い替えサイクルが2004年に到来するとされている。この時期は，予定では地上デジタル放送が開始2年目に当たり，ブロード・バンドの普及が全国的に拡がるときでもある。2011年は，放送にとってもメディアへの多様化への展開がより一層進んだ形で実現しているに違いない。

現在の日本の景気が低迷から抜け出し，上昇するならば，意外に早く新しい時代を迎えることになるだろう。

地上放送はデジタル化によってどのように変わるか

2003年から始まる地上デジタル放送の開始を2年後に控えて，放送関係者にとっては準備に追われる慌しい毎日となってきた。

ここでは，総務省が出した2001年7月25日の省令・告示を元に日本の現在

の地上放送がデジタル化によってどのように変わるのか，これまでの大きな技術革新を経た放送メディアの，今後について考えてみたい。

今回出された放送普及基本計画改正の省令・告示によれば，地上デジタル放送のサービス形態として「高精細度テレビ放送を基本とする」ことが明記されている。

放送がデジタル化されることによって，現在の地上アナログ放送では不可能だったハイビジョンと呼ばれる高精細度なテレビ放送が可能となってきた。しかし，その一方で現在のアナログ放送と同じ画質の映像を放送するのであれば，3チャンネルの放送が現在の放送帯域の中で放送可能となる。

日本の地上デジタル放送方式は，ヨーロッパの放送方式と同じ「OFDM」という変調方式を採用しているため，電波の反射によるゴースト妨害にきわめて強く，さらにヨーロッパ方式を改良して放送帯域を分割し，精細度の違った映像，移動体やモバイル端末向け，さらに3チャンネルの放送まで，階層化という手法を使って多様なサービスを同時に行うことができるセグメント方式なのである。

このため，地上デジタル放送のサービスとして固定受信だけでなく，移動体やモバイル向けの放送まで含めた多様なサービスを行うことで，メディアとして生き残りを図ろうとする地上放送関係者も多く，東京や大阪においてさまざまな実験が行われている。

しかし，総務省の見解はこれまで放送事業者が「HDTV（高精細度放送）を実施するためにも6MHzの帯域が必要」と主張してきたことを逆手にとって，「6MHzを使うのであればHDTVの実施が基本である」との見解を示した。もし，移動体やモバイル端末向け，SDTV（標準精細度）の複数チャンネル放送などを主体とするのであれば，6MHzの帯域は必要ではないとの見

解である。言い換えれば，複数チャンネルの放送は複数の事業者によって行うことを意味する。

　また，既存アナログ放送事業者によるデジタル放送では，アナログ放送が終了する2011年まで，アナログ放送の大部分の放送番組をデジタル放送することとして，サイマル放送を義務付けた。

　放送普及基本計画の一部を変更する告示では，テレビ放送について「デジタル放送以外の放送からデジタル放送に早期かつ円滑に全面移行すること」として，アナログ放送を行う既存事業者を優先して扱っているが，その反面では既存放送事業者には最小限の帯域を与え，潜在事業者に対して公平に参入する機会を与えることを考えている。

　わかりやすくいえば，

1　地上デジタル放送はHDTV放送を中心に行い，HDTV番組を放送する場合はHDTV1番組とし，その他1セグメント程度をデータ放送を含む付加価値のある放送に利用することができる。
2　SDTVによる複数番組の放送は，HDTV放送の合間に短時間行うのであれば柔軟に対応を考えるが，24時間もの連続した複数のSDTV放送は認めない。
3　移動体向けやSDTVの複数チャンネルを主体にした放送は認めない。
4　現在のアナログ放送が終了するまで，アナログ放送の大部分の放送番組を含めて同時にデジタル放送を行うサイマル放送を義務付けている。

ということになる。

　告示の内容は以上のように解釈できるが，HDTVを主体として放送する中で現行のアナログ放送をデジタルでサイマル放送しなければならないとなれば，現行放送をHDTVで制作するか，現行のSDTVをHDTVに変換しな

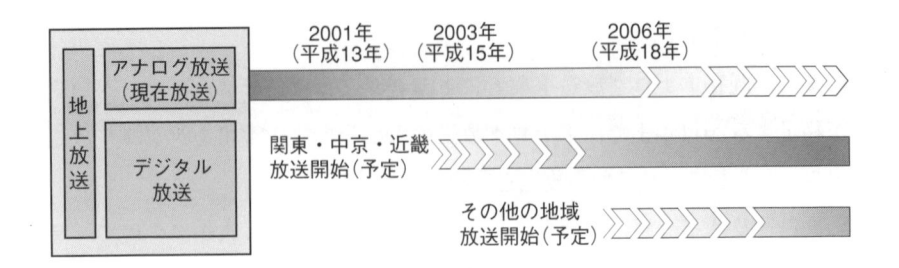

地上デジタル放送の実施スケジュール

ければならなくなる。

　キー局といわずローカル局も含めて，現在の放送素材の大半がSDTVであることを考えると，ほとんどの放送がHDTVへの変換となり高精細度放送は行っていても画質はSDTVとなり，デジタル化のメリットとはいったい何だったのかが今，問われることになる。

　21世紀の情報化社会にとって放送のデジタル化は必要不可欠なものであり，世界の潮流でもあるとの考えから，今，放送のデジタル化が行政を中心として進められている。そこにはますます膨れ上がる電波資源の利用増加に対する電波資源の確保と共に，多彩で多様なサービスを可能にする付加価値，すなわち，多チャンネルで新しい番組ソフトの登場，移動体向けやモバイル・サービス，他メディアとの連携などが叫ばれている。

　だが，今回の告示内容を見ると日本のデジタル技術の結晶である階層型OFDM方式の特徴がほとんど活かされないことになり，視聴者にとってはデジタル化とは何なのだろうかとの疑問が沸いて来る（行政指導のあり方が，地上デジタル放送にどのように影響するか）。

　行政サイドにとっては，過密な日本の電波事情が放送のデジタル化によ

って緩和（かんわ）され，同一周波数中継（SFN）などの利用が進めば，2011年の完全デジタル化において予定どおりの大量の周波数資源が確保されることになる．

放送側の負担，視聴者の負担

では，このデジタル化が放送側，視聴者側から見るとどうなるのだろうか．地上放送のデジタル化は，放送事業者にとてつもない負担と改革を迫ることになった．送信設備の改修や新設を考えるとYTVでも生駒送信所の建て替え，送信機の新設，現行放送との両立などの他，今後10年以上にわたってデジタル放送の中継局設備を数10局以上新設しなければならなくなる．

演奏所設備においても，スタジオ番組制作設備，送出設備，報道取材設備や中継設備に至るまで初期費用だけでも100億円以上の設備投資が必要となる．

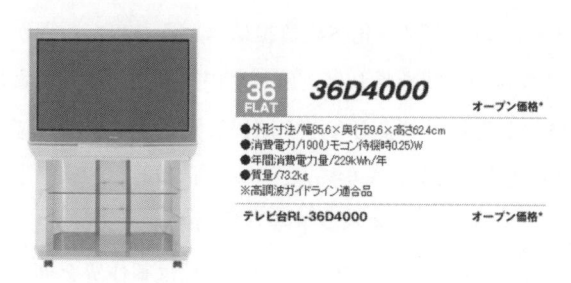

東芝が発表した地上デジタル放送用テレビ受信機

衛星からのデジタル放送，通信情報，ブロード・バンドに始まるメディアの進出，ケーブル，パッケージ・メディアなど放送を取り巻く環境はますます厳しくなり，設備のデジタル化とメディアへの対応は必須であり避けて通れなくなってきた。
　機器メーカーのように設備投資を行うことによって新しい市場が開拓され，利益増加につながることとは違い，放送側にとって放送のデジタル化は放送方式の変更であり，ハードである放送設備の切り替えで，新局建設に近い多額の設備投資を強いられる。
　しかし，設備投資それ自体では利益を生むことはないことから，放送局にとっては資産の吐き出しとなり，新しい利益を生むためにはソフトの強化と他メディアを含む新しい市場の開拓が必須となってくる。営業規模の大きい東京や大阪などの局でさえこれからの対応は大変なことであり，まして，規模のそれほど大きくないローカル局や独立局にとって放送のデジタル化は今後の経営手腕を問われる死活問題なのである。
　このような中で，京都放送とサンテレビジョンがテレビ番組の共同制作を含む業務の全面提携に踏み切ったのも理解できる。厳しいデジタル化への移行は，今後，全国の民放各局においてさまざまな形の業務提携が行われることは十分考えられることである。
　視聴者にとってのデジタル化への負担は，どうなのだろうか。期待されたBSデジタル放送の現状を見れば，はじめの謳い文句や宣伝とは違い，受信機の高価格化と番組のつまらなさが国民に浸透するにつれて，購買意欲は次第に下降線をたどり始めている。
　NHKを中心にスポーツ・イベントや長編のドキュメンタリー，ショー，情報番組などはときにはあるものの，民放各社は制作費を抑えた番組作り

第11章　地上デジタル放送の実現と普及を目指して

松下電器が発表した地上デジタル放送受信用チューナー

が多いこともあり，視聴者にとっての魅力は薄くなっている．データ放送においても限定した枠内での内容が多く，他メディアとの連携など，メディア横断的な情報取得にまで至っていない．

　このような状況から考えて今回の告示内容を見たとき，単に受信機をデジタル化するだけなら視聴者は見向きもしないことは容易に考えられる．現在のアナログ放送は十分にきれいだし，値段も安く大型の受信機を買うことができる．

　3万円も出せば立派なテレビを買え，2011年までアナログの放送が行われるとなれば，もう一度途中で買い換えても安い物だと考えてもおかしくはない．出された告示どおりの放送が現実のものとなれば，このようなことは十分考えられるだろう．しかし，放送開始における免許方針では，普及・促進も見据えた番組展開となるに違いない．

　潜在的な事業者に対して公平な参入機会を与えるとのことから，既存放送事業者の自由な利用を縛ってしまえば，視聴者はますます地上放送から離れて行くだろう．

受信機メーカーの関係者に聞くと,「地上デジタル放送のスタート時点ではこのままでも仕方がないが,以後はもっと自由な利用をさせて欲しいと考えている。メーカーとして言いたいことは一杯あるが,メーカーが放送を行うわけではないので,今は沈黙です」と語る。

技術的にも優れた放送方式をフル活用するためにも,放送側の自由な利用によって,アナログ放送では見ることのできない番組や情報の送出,番組の開発などを行い,視聴者を掴んで離さないメディアとならなければ,地上デジタル放送の明日はない。

放送はどう変わるのか、21世紀の放送メディア

20世紀後半から始まった放送のデジタル化は,21世紀に入った今,ますますそのスピードを上げて全世界的な規模でデジタル化へと動き始めてきた。

日本における放送メディアのデジタル化を見ると,1996年にはCSスカイパーフェクTVが放送を開始し,2000年12月からはBSのデジタル放送が開始された。2003年から始まる地上デジタル放送を前にして,CS110度衛星放送が2002年4月から開始される予定で,民放キー局等を中心にメーカー各社が参加した放送である。

この放送は,通信と放送のどちらも扱うもので,番組のダウンロードも行える放送である。また,通信としての個別利用も可能で,番組ばかりでなくゲーム・ソフトやパソコン・ソフトなど,高速通信機能を使っての多様な利用が考えられている。

他に,2.6GHz帯の周波数を使って行うモバイル放送も2003年(かなり不

第11章　地上デジタル放送の実現と普及を目指して

透明な要素もあるが）から予定されており，実現すれば自動車の中で音声放送（映像情報も含む）を40ch以上，全国どこに居ても聴くことが可能となる。

　CS110度の受信機チューナーについては，BS，CSの何れも受信できるよう考えられており，衛星によるメディアはますます地上デジタルを脅かすことになってくる。

　一方，ケーブル・テレビのデジタル化も急速に進み始めている。その裏には，ADSLやブロード・バンドなどの広帯域通信が家庭まで伸び始めていることに始まる。ケーブル・テレビ業界ではインターネットと抱き合わせて家庭への進出を図っているが，ケーブル・テレビのあり方はこれでよいのだろうかとの不安を持ちながら，一日でも早くケーブル・テレビの全国普及を図らなければ生き残れないとの思いを持っている。

　この不安はやがて的中するかも知れない。ADSLやブロード・バンドは，やがて光ケーブルに置き替わる。その時期が何時かは別にして，それほど先ではない。それよりも，この光ケーブル化はケーブル・テレビとは別の流れで普及が進み始めていることである。すなわち，ケーブル・テレビと

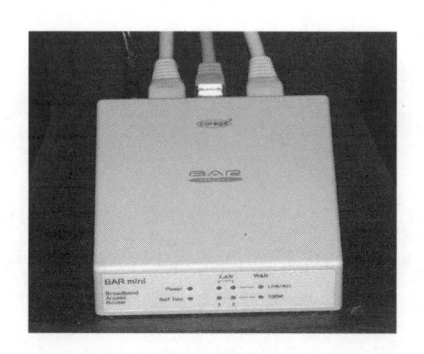

普及したブロードバンド・ルーターと呼ばれる装置を使えば，複数のパソコンで同時にインターネットに接続できる

は別のメディアが新しく登場すると考えると、どうなるかなのである。

　現在、ケーブルのデジタル伝送に対する国際基準化の動きが進み始めている。地上デジタル放送の普及に失敗したアメリカは、現在のケーブル・テレビのデジタル化をあきらめて新しいブロード・バンドとしてのケーブルで、すべてのデジタル信号をのせるパケット伝送方式を探っている。

　DVDをはじめとするパッケージ・メディアも、今後デジタル家電の普及と共にホーム・ネットワーク化が進み、ホーム・シアターなどへと広がりを見せるものと思われる。

　地上デジタル放送はアナログ放送が単にデジタル化されただけだとなれば、視聴者のテレビ離れは急速に進むだろう。

地上デジタル放送の普及のための条件

　地上デジタル放送が普及する条件は、ずばり言えば、
・受信機の低廉化(ていれん)
・番組の多様化
・番組の充実
・受信データの加工が可能な性能を備えた受信機器
・他メディアとの連携
である。

　今、日本のBSデジタル放送が中途半端になっているのは、これらの要素が欠けていることに他ならない。1998年秋に地上デジタル放送を世界で真っ先に開始したイギリスとアメリカのその後を見れば、より一層全体像が明らかになる。

第11章　地上デジタル放送の実現と普及を目指して

地上デジタル放送はUHF帯を使用するので，VHF帯のアンテナは，姿を消していく

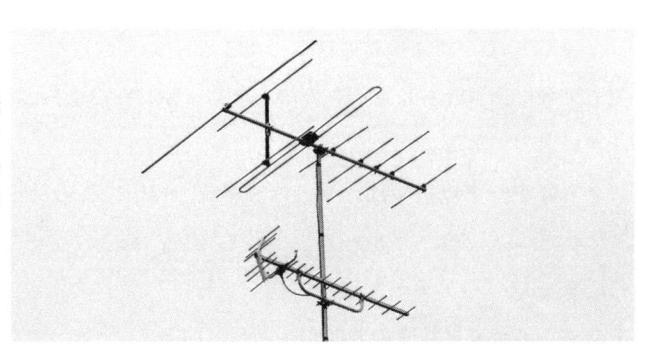

　アメリカの地上デジタル放送は，受信機が高価格なことと放送方式に問題があり，直接受信がむずかしかったなどの他，番組の充実という点ではまったく手抜きで駄目だったことにある。

　HDTVを謳い文句にしていてもほとんど行われなく，現行放送のアップコンバートでお茶を濁すなど，金をかけず1ヶ月に1回程度のHDTV放送では誰も見ないに等しい。さらに，ケーブル事業者はチャンネルの空きがないなどの理由でデジタル放送を流さず，必要な設備投資をしなかったことにも問題がある。

　それでも少しずつデジタル化は進んでおり，ホーム・シアター，ADSL，ブロード・バンドなどを利用した，放送以外のメディアにおいて広がりを見せ始めている。

　一方，イギリスでは元々テレビ放送のチャンネル数が日本やアメリカほど多くはなく，地上放送でもBBCが中心で他に民放局が2，3あるものの静かな環境にある。そのイギリスで地上デジタル放送が始まったとき，BBCではこれまでのアナログ放送であるBBC1，2のサイマル放送の他，デジタル放送として議会番組，ドキュメンタリー，ニュース，エンタテイメント等に加え，TEXT放送やラジオなど9番組を流している。

イギリスは，アメリカや日本のようなHDTV放送を求めず，現行の放送でも十分な画質があるとの判断のもとに，SDTVによる多チャンネル化放送を求めたのである。
　さらにデータ放送では，ヨーロッパ統一規格によるMHP（マルチメディア・ホーム・プラットホーム）と呼ぶ衛星，地上，ケーブルの間で共通化したヨーロッパ・データ放送の統一を行い，データ放送，インターネットを含めたメディア横断の展開が行われている。
　受信機代は受信料で回収するとの考えからコンビニなどで無料で配るなど，衛星，地上，ケーブルも含めて手軽に取得できるようにして普及を図っている。TV any timeがヨーロッパの合言葉，テレビはいつでも生活にも利用できるようにデータ放送においてもテレビからインターネットまでつなぐことができる。
　他メディアとの連携と多チャンネル化，受信機の低廉化，番組の充実など，イギリスでの地上デジタル放送は生活に密着した中で順調に普及が進んでいる。
　ヨーロッパは，陸続きの大陸である。その中で100％近くケーブル化された国もあれば，地上放送の直接受信が大半な国もあり，衛星受信が大半な国もある。イギリスはSDTVを中心に，多チャンネル化を求めて全メディアとの連携を考えた国である。
　しかも，移動体受信は考えず固定受信と携帯受信を中心に，室内のどこでも受信が可能なように放送方式を決めている。
　一方，多チャンネルは求めずにHDTVを中心とした放送を検討している国もある。ヨーロッパでは規格は統一しても，運用はその国の事情に応じて自由に行っているところが，いかにもヨーロッパらしい感じがする。

第12章
地上デジタル放送の開始計画に何が起こったのか

> この章の記事は2001年12月, 2002年1月に
> 讀賣テレビSHAHOに発表されたものをもとに再編集したものです

いったい何が起こったのか
突然の計画修正とアナ・アナ変換を考える

　放送開始を2年後に控えて順調に進むかにみえた地上デジタル放送計画だったが, 11月20日, 総務省, 民放, NHKの三者で構成する「全国地上デジタル放送推進協議会」が突然, 地上デジタル放送の計画内容の変更を発表した。

　2003年から開始予定の地上デジタルテレビ放送計画を見直すとの発表である。放送のデジタル化に必要な対策費用（全国の放送局の周波数変更や, これに伴う一般視聴者の受信対策にかかる費用）が, 当初予定の727億円から2,000億円超に膨れ上がることが判明したためである。

　地上デジタル放送の計画と作業に何が起こったのだろうか。これまでの計画では, 我が国の込み合った電波利用の見直しを図り, 周波数変更などによってデジタル放送がスムースに行えるように対策し, 2003年からは東京, 大阪, 名古屋など大都市圏で放送を開始, 2006年までには全国各地の放送がデジタル化されて, 2011年には日本のテレビ放送はすべてデジタル放送に切り替わる予定であった。そのための対策費として送信対策, 受信対策を政府は, 2001年から2006年までの6年間で合わせて852億円を用意し, それを受けて実用化に向けて動き始めた。

```
　　送信対策として対象局数　　　　418局
　　受信対策として影響世帯数　　　246万世帯
```

を元に, 受信対策費として727億円を充てたが, より具体的な検討を行った結果, これらの対策費が, 2,000億円超と大幅に膨らみ, 対象局数と影響

第12章　地上デジタル放送の開始計画になにが起こったか

世帯数も下記に示す状況となり計画の見直しが必要となった。

	（前）	（後）
送信対策としての対象局数	418局	888局（2.1倍）
受信対策としての影響世帯数	246万世帯	436万世帯（1.7倍）
受信対策費	727億円	2,000億円超

　日本は電波の超過密国である。全国あまねく放送が見られるようにとの方針の下に，多くの放送局，中継局を設置し放送を行っている。広域局であるYTVだけをみても生駒の親局をはじめとする182の中継局を持ち，近畿一円に放送を行っているため中継局のサービス・エリアも複雑となり，エリア外での受信者もかなりの数に上っており，多角的で詳細な調査まではまとめられていない。

　そのため，全国で予想を越えるアナ・アナ変換対策が発生したのであり，詰めが甘いといわれればそれまでだが，あまりに多くの中継局を設置し電波を使いすぎていることと，予算枠を決めて対策を検討するなどの手法では，このような問題も発生する。

なぜ，このようなことが起きてしまったのか

　今から約2年前の1999年9月，地上デジタル放送の実現に向けて民放，NHK，および総務省の三者が協力して，地上テレビジョン放送のデジタル化に伴うチャンネル・プランの策定，アナログ周波数変更とそれに伴う影響世帯数の確認と対策費等についての検討を行うため「地上デジタル放送に関する共同検討委員会」がスタートした。

　その2年近くに及ぶ検討作業では，全国の関係者からの意見も参考にしな

がら，三者の共通認識に基づく検討結果を取りまとめて今年の6月14日に作業は終了した。

この結果，わが国の狭い国土の中にひしめく1万5千局にも及ぶ地上アナログ放送の周波数を見直し，地上デジタル放送の実現を図るためのアナログ周波数の変更などを取りまとめ，円滑に作業を行えるよう平成13年度で123億円の対策費が用意され，電波法の改正や制度整備が図られた。

地上デジタル放送の実現と普及を目ざすため，全国32の放送対象地域ごとに民放，NHK，総務省（地方総合通信局）が中心となって「地上デジタル放送推進協議会」が設置され，さらに，先の共同検討委員会の機能を受け継ぎ統括する「全国地上デジタル放送推進協議会」が，2001年7月17日に設立された。

放送開始までのシナリオを振り返る

デジタル化への幕は上がり，地上デジタル放送への準備がようやく整ったことで，放送各局など関係機関において，デジタル放送の開始を目指した準備作業が動き始めた。

既に国会審議を経て電波法改正も済み，2003年の放送開始から2011年にはすべての放送がデジタル化となるシナリオである。7月末からはアナ・アナ変換対策としての中継局の建設，受信対策が進む予定であったが，関係者が具体的な準備作業を進める中で全国各地で予想を越える対策の必要が浮上してきた。

免許方針などを審議するために予定されていた11月21日の電波監理審議会は12月12日に突如変更され，放送関係者への免許方針説明も年明けの2月

第12章　地上デジタル放送の開始計画になにが起こったか

以降にずれ込むこととなってしまった。

　11月20日に今回の発表となったが，記者会見に臨んだ片山総務大臣によれば東京，大阪，名古屋などの大都市圏での放送開始は遅れないと述べ，経費節減とアナ・アナ変換対策として，必要な一部地域にはデジタル対応のチューナーを無料配布するとも述べた。

アナ・アナ変換問題とは何だろうか

　今までも何度も述べてきたが，アナ・アナ変換問題とその対策とは，いったいどのようなものなのだろうか？　ここでまた考えてみたい。

　テレビなど，放送に利用されている電波の超過密な日本では，デジタル放送を始めると混信妨害などが発生し，これまでのアナログ放送が受信できなくなる地域が出てくる。このため現在割り当てられている電波の周波数を変更して放送を行う必要がある。これがアナ・アナ変換である。

　このため，現在見ているテレビの放送チャンネルが変更となる地域にお

地上デジタル放送用アンテナが設置されている東京タワー

いては，テレビ受信機のチャンネルを合わせなければ見えなくなってしまうことになる。一般の視聴者にとって受信機のチャンネル合わせや，場合によってはアンテナの取り替えなど，とても簡単な作業でできるものではないため，国費を使って業者にまかせることになる（受信対策費）。

放送側にとってはデジタル放送機とは別に，新たなアナログ中継局の建設と放送機の追加が必要になってくる（送信対策）。

この作業は6年間にわたって実施し，それに合わせてデジタル放送を次々と開始することになる。近畿で行われるアナ・アナ変換の局数は全部で35局に及び，平成13年度13局，14年度で8局，15年度で5局，16年度で7局，17年度で2局が変更されることになっていた。今回の発表でも近畿は大幅な見直しはほとんどないと思われるが，全国の中で特に新たな問題となってきたのは，瀬戸内海，九州の有明，北関東地方でアナ・アナ変換対策がむずかしいことが明らかとなってきた。

たとえば九州有明の場合，電波の混信が大きな障害となっている地区の

▼建設予定地
愛知県瀬戸市輝中町

▼デジタルタワーの規模
塔の最下部から頭部に向けて三本の柱で組み立てられ，高さは地上から尖端までアンテナを含めて約240メートル。タワー最上部には避雷針と航空障害灯が付設されます。

▼タワーの形状と景観
従来のタワーは四本の柱で組み立てられることがほとんどでしたが，新しいデジタルタワーは瀬戸市のシンボルとして景観にも留意し，高層建築としてはあまり例のない三本柱の優美なやさしいデザインを特徴とした設計になっています。また，鉄塔の耐震性についても検討を重ねた設計です。

▼工事期間
現在，瀬戸市の建設予定地では整地造成に向けた作業が行われています。新タワーの工事は来年（2002年）5月頃から開始の予定で，2003年末までの完成を目指し，2003年12月の本放送開始を目標にしています。この新タワーは，中京テレビをはじめ，NHKを含めた名古屋のテレビ局6社で共同建設します。

平成13年11月7日発表

瀬戸市に建設の瀬戸のタワー（デジタル・タワー）完成予想図/中京テレビホームページから

第12章　地上デジタル放送の開始計画になにが起こったか

近畿広域圏では生駒山のデジタル・タワーから発射される

一つとしてアナ・アナ変換対策を行っても，回りまわって振り出しに戻るような事態も見えてきた。関東の多摩地区などではこのようなチャンネルの問題ばかりでなく，都内でのエリア外受信が多く行われていることも判明した。

大都会のビルの谷間における受信では，東京タワーの電波でなく，エリア外の中継局の電波を受信しているところが多くで見られる。このようなエリア外受信については，どの程度の受信世帯があるのかを知るのはかなり困難を極めることになる。

総務省では，電波が輻輳する対策のむずかしい九州や，瀬戸内海，北関東などの他，対策に多額の費用がかかる地域において変更を見直し，費用抑制のため一部の地域では最初からデジタル放送に切り替え，デジタル放送用チューナー（セット・トップ・ボックス）を無償配布することを検討

している。

　STBを無償配布するには，政府予算からその製作費用を1台あたり1万円以下とする必要がある。

　また1台で足りない世帯に対する有料配布も必要であり，政府予算に見合う範囲で製造を余儀なくされるメーカー各社にとっては頭の痛い問題だが，考えようによっては受信機普及の大きな機会でもある。この他，放送局が一夜でアナログからデジタルに切り替えることができても，視聴者が簡単に切り替えられるSTBの開発も必要である。

　一方，近畿で見るとテレビ大阪，サンテレビ，京都放送，奈良テレビ，琵琶湖放送，テレビ和歌山などは県域放送であるためサービス・エリアは県域内に限られているが，京都放送やサンテレビなどは大阪でも多くの世帯で視聴されている。テレビ大阪などに至っては，京都だけでも6万世帯以上が視聴している。

　これらの受信で問題となるのは，エリア外受信であるためブースターによる多段増幅を行っており，デジタル放送が始まると増幅器によっては発振や混変調障害が発生し，受信不能となる。この障害はアナ・アナ変換問題とはまったく別であり，国費による対策は行われないが，実験協議会受信部会の調査結果によれば，近畿エリア内で約100万世帯が存在するとの報告があり，このうちの何割かが影響を受けるだけで大問題となる。

問題解決の方法はあるのだろうか

　これらの問題の解決策は，口で言うほど簡単なものではない。金さえ出せば何とかなると言えばそのとおりだが，それはまったく知恵のないこと

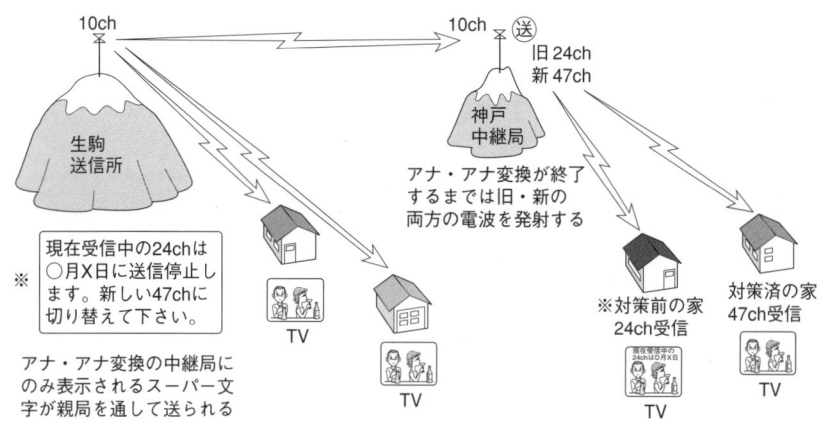

第12章　地上デジタル放送の開始計画になにが起こったか

```
10ch                    10ch  送
 ↑                       ↑
生駒                     神戸      旧24ch
送信所                   中継局    新47ch

                        アナ・アナ変換が終了
                        するまでは旧・新の
                        両方の電波を発射する

現在受信中の24chは
○月X日に送信停止し
ます。新しい47chに
切り替えて下さい。
                                    ※対策前の家     対策済の家
                        TV          24ch受信        47ch受信
アナ・アナ変換の中継局に
のみ表示されるスーパー文       TV
字が親局を通して送られる                          TV              TV

            中継局スーパー・システムとは
```

である。まず，サービス・エリアとそれ以外の地域でどのくらいの視聴世帯があるのかを明確に調査した上で，思い切ったチャンネル・プランを立てることである。

　一方で，アナログ・チャンネルを一挙にデジタル化する方法は，荒っぽいが確実な方法ではある。問題は，そのための市場調査と思い切った政策である。

　費用的に同じか多少予算を上回る程度であれば，デジタル化に切り替えたほうが得策である。そのための調査では，中継局の場合，YTVが1989年に開発した「中継局スーパーシステム」がある。当時の郵政省が，中継局のスーパーは免許の解釈上から許可できないとして，受け付けてくれなかったものである。

　デジタル化の動きの進む中で，この装置のすばらしさが評価されて情報化月間記念式典において表彰されるに至っては，何をかいわんやである。このYTVが開発した「中継局スーパーシステム」は，東京・多摩地区など

エリア外受信の調査には，これに勝る調査システムはないであろう。

アナ・アナ変換ではそれほど問題のない近畿ではあるが，県域放送などのエリア外受信の問題は予算措置もなく，開局する放送側にとっては大きな問題である。

この解決はそれほど簡単ではないが，近畿における混信妨害対策から得られた経験を踏まえて，エリア外受信者に対するデジタル放送とアナログ放送との受信の切り分けを提案したい。

現在のアナログ放送を確実に視聴できる方法を取った上で，デジタル放送の受信を行うシステムの提示と，その周知活動が必要と思われる。しかし，このためのフィルターやブースターの開発などの他，誰がどこまでの補償をするのかをはっきりと決めておかなければ，放送局にとっても膨大な負担が伴うことになる。

この基本的な問題を徹底的に検討し，まとめるならば，近畿はデジタル放送を全国で最初にスタートできる地域となるに違いない。近畿の放送関係者の英知に期待したい。

デジタル放送の未来は明るいか

2001年11月に開催された千葉県・幕張での放送機器展においても感じられたことは，デジタル化の動きは留まることを知らない，ということである。前にも述べたことだが，地上デジタルに未来はあるのだろうか？　との問いかけには，現在のBSデジタル放送の停滞状況を見れば，そのイメージがつかめるであろうし，地上放送の絶対的な現状を見れば想定がつく。これをいかに維持し，守り通しながら新しいメディアを目指さなければな

第12章　地上デジタル放送の開始計画になにが起こったか

らないかが，これからの課題である。もちろん，その基本は番組ソフトを中心としたものだが，その内容，手法，展開がどのようになっているのだろうかである。

　YTVの現状と動きを見れば門外漢が述べる問題ではないが，新しいメディアもターゲットに入れて，地上放送の特徴である携帯受信や移動体向けサービスなども含めて，いくつかの放送形態や多角的サービスに取り組む必要がある。そのためには，現在の総務省の，放送の高画質化だけを中心とした方針，縛りを解き放って，より自由な市場開放をしなければアメリカの二の舞になりかねない。

　多チャンネルによるペイ・プログラムさえターゲットに入れて，視聴者の見たい番組や情報がいつでも手に入るメディアを目指し，デジタルのメリットをフルに活かしてこそ地上デジタル放送が最強のメディアとして勝ち残ることができるのだろう。

地上デジタル放送は無事離陸できるのか
混沌としてきた地上デジタル放送の行方

　地上デジタル放送の行方が混沌となってきた。ことの起こりは，2001年，地上デジタル放送への準備がいよいよ本格化すると思われた11月末，突然，総務省，民放，NHKの三者で構成する「全国地上デジタル放送推協議会」が計画内容の変更を発表したことに始まる。

　既に何度も述べてきたことだが，電波の超過密国である日本は，これまで全国あまねくテレビ放送が見られるようにとの方針の下に，テレビ放送に割り当てられた1chから62chまでを使い，狭い国土の中で1万5千局にも及ぶ放送局を建設した結果，テレビ用のチャンネルは隙間なく埋め尽くされ

てしまったのである。

　これをかき分けて空きチャンネルを作った上，そこにデジタル放送を開始するのだから，これまで見ていた視聴者が放送を見るためには，変更されたチャンネルに合わさなければ見ることができなくなる。電波の密集したエリアの中では問題が起きて当然なのだが，これをエリア外でも見ている視聴者がいるとなれば，状況はさらに複雑になる。

　この対策のために用意された6年間の受信対策費用727億円は，エリア外受信も含めてより細かに調査した結果，2,000億円超と大幅に膨らんでしまい，予算的に身動きのできない状況となってしまったのである。

　さらに，予算面ばかりではなく特に新たな問題となってきたのは，瀬戸内海，九州の有明地区，北関東地方においてアナ・アナ変換対策がむずかしいことがわかってきた。

　これらの電波の混信障害が発生している地域においては，デジタル用の空きチャンネルがどうしても見つからないばかりか，アナ・アナ変換を行ってもどこかの地域とぶつかり，回りまわって振り出しに戻るエンドレスの状況となってしまうため，これまでの方法では対策ができないことになる。

　そこで登場してきたのが，これらの対象地域の中継局を一気にデジタル化し，受信用のセット・トップ・ボックス（STB）を配布することで解決を図ろうとするものである。

> アナ・アナ変換に多大な費用のかかる地域に対して，STB配布でカバーする方法とチャンネルの変更などが困難な地域を一気にデジタル化し，STBに置き換えることなど，どの地域がそれに当たるのかの選定と地域間の調整を行う地域協議会のこと。

STB導入局所の選定，地域間調整などを行う地域協議会とは

これが本当に解決の決め手となるのかどうかは，STBがどのようなものになるのか，内容如何で決まってくるが，これだけでアナ・アナ変換問題のすべてが解決するわけではない。

計画の見直しで解決策はあるのか

このままでは地上デジタル放送の実現は少し怪しくなってくるが，では解決策はあるのだろうか。2001年11月20日に「全国地上デジタル放送推進協議会」が発表した地上デジタル放送計画の見直しについて，その計画内容の全容が明らかとなってきた。

これによれば，今までの計画を精査し見直すことからスタートし，1月末までに「総合推進部会」においてSTB機能のあり方，配布台数，検討スケジュールなどの基本方針等の検討，「対策計画部会」においてSTB対策局所（STBを配布する中継局のエリア）の選定基準の検討，「技術部会」においてチャンネル・プラン見直しの前提条件の検討，「対策計画，受信対策部会」において送信・受信対策の検証・精査対象・方法の検討を取りまとめた上，地域協議会に対する説明会が行われる。これを受けて「地域協議会」では全国協議会の各部会からのサポートを受けながら，STB導入局所の選定，地域間調整などを行い6月上旬中間報告をまとめることとなる。

併せて，「対策計画，受信対策部会」では混信状況調査，要対策世帯数調査の実施などを行い，地域協議会をサポートすると共に，対策経費の再見積り，積算方法の再検討，概算見積り，精査を経て，概算をまとめて7月末の総務省予算要求・決定となる。

アナ・アナ変換を含む地上デジタル放送の見直し予算の最終決定は，

2002年秋に行われる予定で，これを受けてようやくアナ・アナ変換など具体的な取り組みが動き始める。

現在，近畿エリアのYTVを例にとっていえば，アナログ中継局は生駒親局からミニサテ局まで含めて180局余りある。生駒親局の開局から始めて2011年の完全デジタル化までの8年間で，これらをすべてデジタルに切り替えるのは，50年近くかけて建設してきたものを，このような短期間で行うことは資金面を別にしても不可能に近い。これで，地上デジタル放送が無事にスタートできるのだろうか？　アナログ放送を終了するためには，デジタル放送のサービス・エリアをアナログと同等にすること，受信機の普及が85%以上であることが条件となっている。

しかし，STBの導入が必要でない近畿エリアにおいても，生駒親局が開局し次々と新しくデジタル中継局が開局すれば，アナ・アナ変換問題とは別の新たな混信や障害問題が発生し，その対策も必要となってくる。

家庭において何台ものテレビ所有とビデオ録画機などを持つ状況の中で，家庭内ブースターの障害も無視できない問題であり，デジタル放送で同一チャンネルを使ったSFN中継方式では，電波の重なる一部の地域においてはデジタル難視が発生するため，対策が必要となる。この現象は中継局が増えるに従い，複雑な難視地区が発生する。

救世主はCSデジタルなのか

衛星デジタル放送などの場合と違い，地上放送のデジタル化ではさまざまな問題が発生する。特に日本のように過密化した電波事情の中では，世界的にも類を見ない対策が必要となる。では，地上デジタル放送の開始に

第12章　地上デジタル放送の開始計画になにが起こったか

この写真は、松下電器が試作した地上デジタル放送用チューナーであるが、一種のセット・トップ・ボックスである

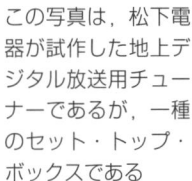

向けて、その解決策はあるのだろうか。

　まず、アナ・アナ変換のむずかしい対象地域の中継局をそのまま一挙にデジタル化し、サービス・エリア内の視聴者にはSTB（デジタル放送受信用セット・トップ・ボックス）を配布し、これまでどおり放送が受信できるようにする方法である。

　この考え方はそれなりに理解できるが、新たに発生するデジタル難視などを2011年までの短期間に解決し、デジタル化することは経費や工期的にも不可能に近い。そのためにデジタル化への移行ができなければ、いつまで経ってもアナログ放送を止めることができなくなり、地上局にとっては長期間の経費負担増から死活問題に陥らざるを得ない。

　2002年4月から110度CS衛星放送が、いよいよ運用を開始する。この衛星は通信と放送の両面で使えるようになっており、24本のトランスポンダーと呼ばれる中継放送機を搭載している。通信用として12本の左旋回ビー

ム・アンテナを使ったトランスポンダーと，残りの12本はBSデジタルと同じ右旋回ビーム・アンテナを使ったものである。

この110度CSの左旋回円偏波ビームを使った12本のトランスポンダーが，アナ・アナ変換を含む地上デジタル放送対策に使えるとの考えが一部から出され，関心を集めている。

衛星の位置は，BSデジタル放送と同じ東経110度であり，衛星受信機もBS，CSの両方が受信できるものとなるため，視聴者にとっては好都合である。この空いている110度CS衛星の12本のトランスポンダーをBSデジタルと同じ変調方式で利用すれば，1トランスポンダー当たり12番組を送れるため，全民放127社の番組を伝送できる。

180局余りの中継局を持つ近畿各局でも，親局と大規模中継局と呼ばれる30局近い中継局だけでエリアの90%以上をカバーすることから，地上局のデジタル化は親局と大規模中継局のみとし，残りの地域は110度CS衛星によるデジタル放送を利用すれば，デジタル難視を含むほとんどの問題は解決され，トランスポンダー費用も中継局維持費よりずっと安くなるため，地上放送の経営面でもメリットがあり，エリアの100%確保とCS事業者にとっては，過剰気味のトランスポンダーの有効利用や事業発展にもつながってくる。

この考えは近畿だけのものでなく全国の放送局について当てはまるものであり，中継局の全局建設を大幅に抑えて短期間にデジタル化への移行が可能となるものである。

この結果，全国の放送各局は多少の対策は残るものの，アナ・アナ変換対策やデジタル難視の発生，混信妨害から開放され，経営基盤の改善とともに放送のデジタル化と番組開発に全力投入で取り組むことが可能となる。

改革に保守主義は不要

　何事においてもそうだが，新しい改革や産業の誕生，技術革新による社会基盤の変革が興るとき，保守主義と改革のエネルギーのぶつかり合いが発生する。

　放送のデジタル化は，国際的な潮流に日本が乗り遅れないようにとの国策であり，放送産業の新しい発展を目指した一大国家事業でもある。だが，国民から見れば受信機や家電製品の買い替えなど負担を強いられるだけでは，納得できないだろう。

　放送のデジタル化を進めるとき，日本の行政は強く完璧主義を求め固執する結果，あまりに多い規制によって自由な発想と発展を殺してしまう結果をもたらしている。

　放送のデジタル化が国民の社会生活において，潤いと生きがいを与えるメディアとして発展するならば，新しい時代の誕生と国民に支えられた生活の一部として迎えられ，デジタル化の存在が21世紀のキーワードとなるに違いない。

　アナ・アナ変換対策の困難な地域で，現行の地上アナログ中継局をそのままデジタル化してSTB（セット・トップ・ボックス）を配布する対策がよいのか，110度CSデジタル衛星放送を使って衛星受信機（STB）を配布するのがよいのか，今後の関係者の判断を待たねばならない。

　改革に保守主義は不要である。地上デジタル放送のスタートと普及発展を考えるとき，官僚のメンツを捨て，縄張り意識を捨てて自由闊達な議論と柔軟な発想を持って21世紀の大事業に取り組んで頂きたいと願っている。

第13章
デジタル化が我々にもたらすもの

この章の記事は2002年2月と3月に
讀賣テレビSHAHOに発表されたものをもとに再編集したものです

デジタル化とは，いったい何なのか

21世紀に入って2年目を迎えた今，世の中ではいよいよデジタル化時代が到来したといわれている。

我々の身の回りを取り巻く多くの家電製品，日常生活に関連した製品や器具，自動車からスーパー，百貨店，企業の営業活動や販売・購入など，その操作や取り扱いなどに至るまで，多くのものがデジタル処理されていることがわかる。

デジタル化とは，いったい何なのかを，今一度振り返ってみたい。

たとえば，ある量の水を汲み出すのに「水道の栓をひねって汲み出す方法」と「10リットル，100リットルなどと容器を使って汲み出す方法」を考えたとき，前者がアナログであり，後者がデジタルである。

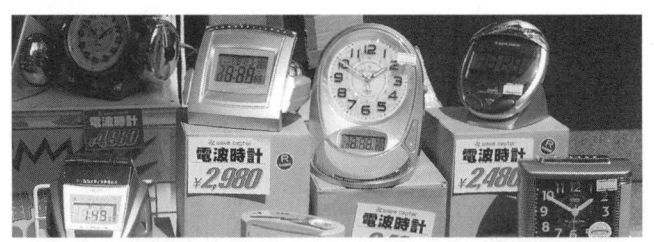

アナログとデジタルの違い。デジタル時計とアナログ時計の例

たとえば，規定量で水道の栓を締めたとき，締め加減やタイミングでその水の量は違ってくるが，容器を使えば狂うことがない。昔から我々はアナログの生活の中で，知らず知らずにデジタルの手法を取り入れていたのである。

デジタルの手法は古くからある。人類が通信手段として最初に使ったも

第13章　デジタル化が我々にもたらすもの

のに狼煙(のろし)通信があり，敵からの攻撃や指令を伝えるのに狼煙を使っている。また，ナポレオンは3本の腕木を使った腕木通信によって情報を伝えたし，ローマでの法王決定の選挙では今でも，煙の色によって誰が選ばれたかを知らせるのに使われている。

　デジタルとはDIGIT「指」であり，アラビア語の「数」のことで，「指折り数えて」の意味を持つ。このデジタル的手法を数学理論に基づき理論化したのは，ベル研究所のシャノンであり，1948年のことである。

　彼は，すべてのもの（値）を，「1か0」，「有か無し」，「白か黒」の二つの値だけで表せることを発見し，これを理論的に解明した功績によってノーベル賞を受賞した。この中途な値の混じらない「2値」の表現は，人間の指による10進数とは違った2進数による計算手法である。

10進数	1	2	3	4	5	6	7	8	9	10
2進数	1	10	11	100	101	110	111	1000	1001	1010

デジタルの基本は2進数。2進数と10進数の関係

　この2進数によるデジタル理論は，コンピュータの開発と発展に大きく貢献し，技術革新による発明・発見と重なり合ってデジタル技術の実用化への道を開いたのである。

　20世紀に生まれたデジタル技術が，21世紀において世界を揺り動かす想像を絶するエネルギーを秘めた第三次産業革命へとつながり，地球規模の新時代を生み出すことになる。

インターネットの普及と通信回線の広帯域化

我々がデジタル技術を身近なものとして最初に知ったものといえば，音楽のLPレコードがコンパクト・ディスクといわれるCDやMDとなって登場したことと，やがてレコード盤としてのLPやEPが姿を消したことからである。

今ではパソコン，インターネット，携帯電話，DVD，放送のデジタル化や家電機器など多くがデジタル化され，デジタル製品が日常生活の上からも欠かすことのできないものとなってしまった。このデジタル化社会を構築するスタートがインターネットの前身，ARPANETであり，これが情報化時代のさきがけであった。

ARPANETは，アメリカ・国防総省の高等研究計画局（Advanced Research Project Agency Network）が科学技術の発展と，冷戦下における核攻撃対策としてのデータの分散を考慮して，全米の大学の研究機関を結

CDやMDなどは私たちにとって一番身近なデジタル機器である

第13章 デジタル化が我々にもたらすもの

ぶネットワークとして構築し，1969年から1978年までの10年間にさまざまな実験研究と改良が加えられ，1979年にインターネットとして一般に開放されたものである。

　この情報通信技術を中心として，技術革新による光ファイバーの登場，コンピュータやIC技術の急速な発達を経て，放送のデジタル化に至るまで，今，地球規模で高度な情報化社会が構築され始めており，我々の生活も大きな影響を受けてきた。

　日本におけるパソコンの普及は，1990年代から伸び始めて1992年には日本初のプロバイダIIJが組織され，1993年にインターネットの商用利用が総務省より許可されて，インターネットは急速に普及し始めた。

　当初，メールの送受から出発したインターネットも，画像伝送や処理を含む大量のデータを取り扱うまでに至り，今では64Kbpsのデジタル回線では容量不足となり，高速広帯域のADSLや光ケーブルによる伝送路が家庭の中にまで必要な時代となって，その構築に向けて通信業者が凌ぎを削って動き始めている。

　この結果，わが国のインターネット加入者数がCATV，ADSL，FTTHなど，通信回線の広帯域化によって急速に増加し始めている。総務省のホームページから報道資料を入手してみると，2003年3月末現在のインターネット加入状況は，

1. 電話回線等を利用したダイアルアップ型接続による加入者数は

　　　　　　　　　　　　　　　　　　　　　2,048万人
2. CATV網を利用した接続サービスの加入者数は　　206万9千人
3. DSLサービスの利用者数は　　　　　　　　　　702万3千人

となっている。これとは別に携帯電話端末によるインターネット・サービ

スの利用者数では6,246万5千人に上っている。

デジタル家電とホーム・ネットワーク

　DSLサービスの加入者は，月ベースで30万人以上の増加を続けており，携帯電話を除くインターネット加入者数は，2月末現在で2,350万人に上ると予想される。

　このようなインターネットの普及と通信回線の高速・広帯域化が進むにつれて，ADSLから，より高速の光ケーブルへと需要が替わり始めている。

　2005年までに全国の4千万世帯が，光ファイバーによる30～100Mbpsの高速インターネット回線網として，常時接続を目ざす政府のE-JAPAN計画では，2002年度実施のプログラムを加速・前倒しする動きを見せている。その結果，現在，毎月30万件以上の増加を続けているADSL（1.5Mbps～12Mbps）だが，普及を促す短期リリーフ役となり，光ファイバーによる回線が究極のものとなる。

　現在，わが国のデジタル・テレビ放送は，1996年から始まったCSデジタル放送（スカイパーフェクTV）と2000年12月から始まったBSデジタル放送（NHK，民放キー局5社，WOWOW，スターチャンネルなど）があり，CATVによる放送も次第にデジタル化へと切り替えが進み始めている。

　さらに今年4月からは，BSと同じ軌道をまわるCS110度デジタル放送（放送とデータ放送，蓄積型データ放送）がスタートし，いよいよにぎやかな状況となってくる。

　このCS110度放送の蓄積型放送機能付CSチューナーでは，BSデジタルも受信でき，60GBのハード・ディスクを持ち，40GBはBS，CSの番組収録や

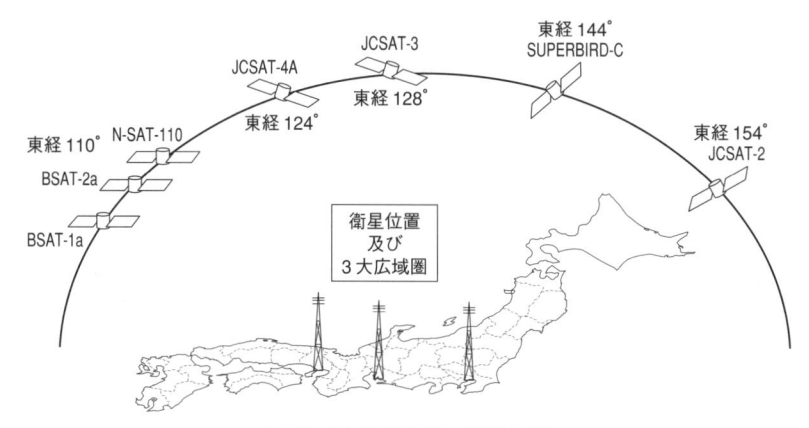

第13章　デジタル化が我々にもたらすもの

東経110°　N-SAT-110
BSAT-2a
BSAT-1a
JCSAT-4A
東経124°
JCSAT-3
東経128°
東経144°
SUPERBIRD-C
東経154°
JCSAT-2

衛星位置
及び
3大広域圏

いろいろな衛星放送の衛星の位置

編集ができる。残りの20GBは放送側のデータ放送用として使われ，視聴者が放送局と契約することで番組連動や蓄積型番組として，CS放送ばかりでなく，BS放送やこれから始まる地上デジタル放送にまで，連動したデータを取り出して利用することが可能となる。

　これからの受信機はCS，BS，地上放送，CATVなど一体型でなくても，それぞれの受信機をホーム・ネットワークにつなぐだけで，一体化したものとなる。

　インターネットの高速・広帯域化によって，インターネットはブロード・バンド（BB）となり，これまでの単なる文字や画像はものの数ではなく，放送までも流せるものとなる。

　インターネットBB専用のチューナーもやがて登場し，CATVのライバルとして進出し，放送での競合さえ起きることになる。

　政府のE-JAPAN計画が進めば，インターネットはホーム・ネットワークともつながり，放送の世界も一変する。放送のデジタル化がもたらす，メ

ディアの一体化である。

既に，東京キー局ではBB映像配信会社として，日本テレビは「ビーバット」，テレビ東京は「テレビ東京ブロード・バンド」，TBS／フジ／テレビ朝日は「トレソーラ」を立ち上げていて，日本テレビではサービスの提供を行っている。

インターネットのBB化はホーム・ネットワークともつながり，家庭用ゲーム機からホーム・シアターまでも包含して，いよいよ高度情報化社会が到来することになる。

最後に残された地上デジタル放送はわが国の国策であり，避けて通ることのできないものだとすれば，急速に進むデジタル化の中で，最大最強のメディアとして地上デジタル放送の一日も早い立ち上げが必要となってくる。

地上デジタル放送をメイン・エンジンとして，番組のマルチ・ユースを展開し，インターネットBBからCS，BS，ケーブルに至るまでも制覇しなければならないだろう。

なぜ沈んだのかアメリカの地上波テレビとケーブルのデジタル化

数多くの映画やビデオ，ゲーム・ソフトなどを世界に輸出し続け，世界最大の映画産業としてハリウッドを持ち，さらに多くの番組を作り続ける強力なプロダクションを持ち，ブロードウェイ・ミュージカル，ディズニーランドやユニバーサル・スタジオ，エプコット・センターなど多くのアミューズメント施設も持つアメリカは，今も世界のメディア王国であることに変わりはない。

第13章　デジタル化が我々にもたらすもの

そのアメリカで，1998年11月からスタートした地上波テレビ放送のデジタル化が頓挫(とんざ)し，ケーブル・テレビのデジタル化が進んでいない。人口2億5千万人で9千5百万世帯を持つメディア王国のアメリカにおいて，既にデジタル放送受信可能な地域が全米1,600局（中継局を除く）のうち249局（87都市）に達したが，地上デジタル・テレビ放送の直接受信世帯は数10万程度といわれている。

少し書き方がまずかったかと思われるが，アメリカの地上波アナログ・テレビ放送は今もネットワークを中心に健在であり，ケーブル・テレビ放送も全米世帯の70%以上が加入し視聴しており，テレビ放送が駄目になったというわけでは決してない。

地上テレビ放送やケーブル・テレビ放送も見ることのできない地域を対象に，1994年から放送を開始したディレクTVやUSSBなどの衛星デジタル放送は，鮮明な衛星画像を求めて難視地域の世帯ばかりでなくケーブル加入者も含め，既に2千万人以上が契約し受信を行っている。

放送のデジタル化が進む中で，1998年からスタートした地上デジタル・テレビ放送がアメリカで低迷しているのは，屋外の地上9メートルに固定したアンテナ以外では受信することができず，卓上や移動受信もできないという放送方式による技術的な問題がある。

これに加えて，デジタル放送を行っているネットワーク局が，現行のアナログ放送をデジタル化しただけの放送しか流さず，高精細度放送もほとんどが現行放送をアップコンバートしただけの状態では，デジタル放送の魅力は何もない。

ケーブル・テレビにおいては，現行のアナログ・ネットワーク放送を流すことを義務付けた「マストキャリー法」があるため，止むなく放送を流

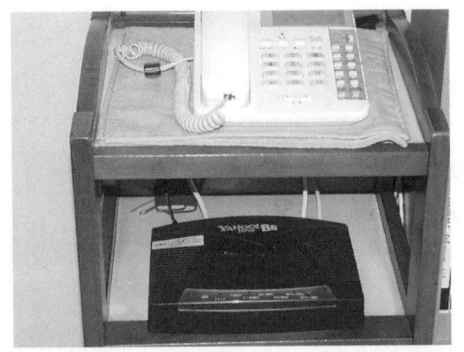

IP電話の普及で，電話の概念は著しく変わってしまった
IP電話とインターネット接続用モデム両用のもの

IP電話用のモデムの一例。これもモデムと両用のもの

してはいるが，ケーブルにとってチャンネルの空きがまったくない現状の中で，膨大な資金を必要とするケーブルのデジタル化は，「デジタル・マストキャリー法」がない中では，ケーブル事業者が受け入れることのできない問題である。

　ケーブルのデジタル化によって，高速インターネット接続，IP電話，ビデオ・オン・デマンド，パーソナル・ビデオ・レコーディング，ジュークボックス，高度な検索機能を持つ電子番組ガイド，オンライン・ショッピング，バンキング，双方向の各種パーソナル・サービスが成功すれば，デジタル・ケーブル・テレビは，電話もホームPCもビデオ・デッキもステレオ・セットも兼ね備えた生活必需品に化ける。

　かつては全米の電話網を握っていた電話会社・AT&Tも七つの電話会社に分割され，長距離部門しか持たなくなったことから，もう一度ローカル

な電話網の取得を望んだことをケーブル電話の獲得で実現できると考え，ケーブル大手のTCIを買収したものの，ケーブル・テレビの歴史が長いアメリカの古いケーブルでは，デジタル化に膨大な資金が必要だった。新しく構築されるデジタル・ケーブルの登場はしばらく先のこととなる。

　今，アメリカは現在のケーブル設備のデジタル化を進める方向にはない。地上デジタル・テレビ放送の普及見込みのない状態では，インターネットと衛星放送以外ではデジタルによる多様なデジタル・サービスが使うことができず，広がり始めたブロード・バンドに期待し，衛星放送に期待する他はない。

日本のケーブル・テレビ事情

　アメリカと比べて，日本のケーブル・テレビ事情はまったく異なっている。日本ケーブル・テレビ連盟の平成12年度末報告によれば，加入世帯は1,871万世帯で対前年比6%の増加となっている。

　その中で，自主放送を行っている施設への加入者は1,048万世帯，テレビ放送などの再送信のみを行っている施設への加入者は823万世帯である。

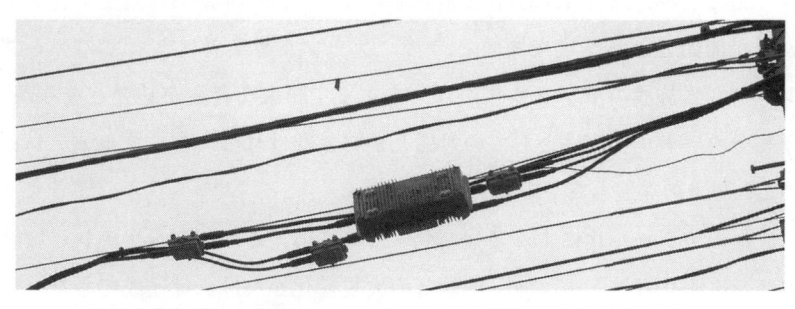

街中に張り巡らされているケーブル・テレビ用ケーブルとブースター

日本の全世帯数である4千数百万の中で，アメリカ型の自主放送を行っている施設への加入者が平成13年度末で1,100万世帯としても25%であり，アメリカの70%を超える数字とは大きな開きがある。その上，放送チャンネルも数10チャンネルであり，まだまだ発展途上にあるが，これが幸いして日本のケーブル・テレビ施設は，デジタル化へと向かっている。

　インターネットの急速な普及に合わせて，ネット回線の高速化とブロード・バンド化が進み始めた中で，ケーブル・テレビによる放送と高速インターネット・サービスが付加価値となって，ケーブル・テレビ加入世帯は昨年から大きく伸び始めている。

　だが，ケーブル・テレビ施設の光ケーブル導入とデジタル化には大規模な設備投資が求められることから，全国のケーブル・テレビ施設では大資本の参入による吸収合併が始まっている。

　日本にはアメリカのような「マストキャリー法」はないものの，BSデジタル放送の開始に際しては行政からの強力な指導もあり，施設の規模と現状に応じて取りあえずアナログ変換したものや，デジタルのままでの放送を流し始めている。

　衛星による1996年からのCSデジタル放送，2000年のBSデジタル放送に続き，2002年の3月からはCS110度放送も始まり，2003年からは地上デジタル放送が開始される予定である。今後，ケーブル事業者にとってのケーブル・テレビ施設のデジタル化には，ますます膨大な資金が必要となるが，今までのアナログ放送としての対応しかできなければ，ケーブル・テレビのこれ以上の発展もなく，未来もない。

　放送のデジタル化による多様なサービスに応えるケーブル・テレビ施設のデジタル化は，ケーブル・テレビの大規模化がなければ達成できないた

め，施設の吸収合併はますます加速されるだろう。

急速に進むインターネットのブロード・バンド化

　韓国やアメリカに遅れをとっていた日本のネット回線のADSL化や光ケーブル化は，急速に進み始め，今後1年で抜き去ると思われる。光ケーブルによるブロード・バンド化のつなぎといわれているADSLは毎月30万件の増加を続けており，光ケーブルと合わせたBBの業界予想は，今年末で900万件を予想している。平成13年度の補正予算として，電子政府実現に500億円，学校などの情報化に数百億円が組まれており，2005年までに30〜100MbpsのBB（ブロード・バンド）回線を全国の4千万世帯に普及させるというE-JAPAN計画，NTT，電力，鉄道などの光ケーブル利用による普及促進が急速に展開されている。

　インターネットのBB化によって，新しい映像やコンテンツ供給市場が登場することは間違いない。これまでの放送とは違った形かも知れないが，BBの登場は放送事業者にとってもメディア市場の拡大のチャンスでもあり，コンテンツの多メディアへの展開がいよいよ本格化してくる。

　BB化は放送ばかりでなく，これからは社会生活のうえで必要なツールとして，市役所などの手続きといった自治体や行政手続においてオン・ライン化され，日常化された生活の一部として使われることになるだろう。

地上波テレビの未来は

　日本の地上テレビ放送は，インターネットのBB化やケーブル・テレビの

光ファイバーによるインターネット回線のPR

デジタル化，BS，CSによる衛星デジタル放送の登場によって，どのように変わるのだろうか。

　地上テレビ放送が現在のアナログ放送のままであっても，これらのメディアの登場は確実に地上テレビ放送にシェアの低下として現れてくる。1970年代にプライム・タイムで90%を超すシェアを誇ったアメリカ三大ネットワークは，当時，NAB会長をして「ケーブル・テレビは我々の敵ではない。彼らは1%の視聴率を何10もの局が奪い合っているのだ」といわしめた言葉がなつかしい。

　1980年代から次第に下がり始めたネットワークのプライム・タイムのシェアは，今では40%を大きく切ってしまっている。それでも地上放送は最大メディアであることに違いはないが，ハリウッドなどコンテンツの豊富なアメリカでさえ経営は厳しくシビアな舵取りが局の運命を決定する。

　今，日本は我々が思っている以上に情報化が進んでおり，携帯端末を始めとするモバイルの利用では世界でトップ・レベルにある。

第13章　デジタル化が我々にもたらすもの

　携帯電話からIモードが生まれたように，地上デジタル・テレビ放送からはモバイルのサービスが活かされることになるだろう。デジタル放送の中で地上デジタル放送しかできないサービス，それが大きなアンテナやケーブルから開放される移動体受信を始めとするモバイル・サービスなのである。

　アメリカの放送方式を使ったアメリカ，カナダ，韓国などでは方式の関係で絶対にできないモバイル・サービスが，日本の地上デジタル放送では実現できる。今，不況に喘（あえ）いでいる日本だが，やがて情報化先進国として大きく飛躍するに違いない。

　だが，若者のメディア離れも著しい。ケーブルの伸びや衛星放送などのメディアに加えて，イーピー放送などの蓄積型のメディアの登場は，間違いなく放送の世界を大きく変えるだろう。遅れることなく新しいメディアにも対応し，地上放送のデジタル化と特徴を生かした対応が，これからの放送事業に求められる。

　放送素材のコンテンツのマルチ利用は必須であり，日本のこれまでのコンテンツの二次利用が数パーセント以下の状態では，とても世界のメディアに対抗できない。世界を相手に，日本の放送メディアが対等に競うには著作権や制度の整備など多くの問題があるが，これを乗り越えてこそ放送のデジタル化，地上デジタル放送の未来がある。

第14章
地上デジタル放送の開始に向けて

> この章の記事は**2002年6月**に
> 讀賣テレビSHAHOに発表されたものをもとに再編集したものです

地上デジタル放送の認知度

　2003年に予定されている地上デジタル・テレビ放送の開始が目前に迫ってきた。このことを国民自身は，いったいどの程度知っているのだろうか？

　ここに，民間調査会社㈱ビデオリサーチが2001年8月から9月にかけて実施した調査結果がある（2002年1月28日公表）。

　調査エリアは日本全国，調査対象者は男女12歳～69歳までとし，サンプル数は2,011人となっており，「知っていた」と答えたのは次のとおりである。

・2003年に3大都市でデジタル化が始まる	18.1 %
・2006年に全国的に地上放送がデジタル化される	14.0 %
・2011年に現行アナログ放送が終了する	11.3 %
・受信するには対応したテレビまたはチューナーが必要	46.0 %
・デジタル放送開始後も当面現行アナログ放送も見られる	32.8 %

　この調査結果を見ると，2003年に東京，大阪，名古屋の3大都市圏で地上テレビ放送がデジタル化されることを知っていた人は18.1%で，全国的にデジタル放送が開始されるのは2006年であることを知っている人はさらに低い14.0%であった。

　この調査とは別に，NHK放送文化研究所が「地上デジタル放送」の認知として実施した世論調査がある。実施時期はビデオリサーチの調査に近い2001年末で，無作為抽出による1,368人からの調査で行われ，その結果は4月3日の放送文化研究所シンポジウムで報告されたもので，結果は以下のとおりとなっている。

第14章　地上デジタル放送の開始に向けて

・聞いたことがあり，だいたい知っている	9 ％
・聞いたことはあるが，よく知らない	28 ％
・聞いたことはない	60 ％
・わからない	9 ％

　この調査は，地上デジタル放送を知っているかとの問いかけで行われたものであり，ビデオリサーチの調査と多少ニュアンスは異なるものの，大筋において似たもので，地上デジタル・テレビ放送の一般国民の認知度がこの両者で理解できる。

　BSデジタル放送は2000年12月から開始されたが，放送開始前の調査で認知度のあまりに低い結果を見て，関係業界上げての大PRを行ったことが思い出される。

　地上テレビ放送のデジタル化が迫った中での国民の認知度は，予想されたこととはいえあまりに低い。この原因は，専門誌や業界紙を除く一般紙の報道や公開展示などがまだまだ足りないことを物語っている。そのためにも，放送の試験電波の早期発射と放送開始前の試験放送が，少なくとも1年間は必要であり，アナ・アナ変換対策と合わせた混信妨害対策作業の早期実施が必要と思われる。

放送開始のシナリオは

　近畿におけるエリア外受信や弱電界受信世帯は，簡単な調査だけで数えても100万世帯は軽く超える。しかし，この中で受信対策が必要と思われる世帯数は20万世帯とみられることから，これを実証するための実験が行われた。

受信評価を行う関係者のみなさん

　実験は弱電界地域での受信地域の一つ，京都府向日市で受信したエリア外受信データを元に，現在放送中のアナログ波4波に加え，放送開始後に考えられるデジタル波9波を現地の電界と同じ環境で作り，ブースターを使って現地でのさまざまな受信状況を作り出し，評価テストを実施した。

　その結果，予想外の驚くべきデータが出て，関係者は今後の対策を含めて詳細のデータを求めている。

　その内容としては，デジタル放送が始まったときと同じ条件で，アナログ4波，デジタル9波を同時にブースターに入力し，劣化状態などを調べたものだが，従来はほとんど起こらないと考えられていた1段目のブースターで，混変調が発生することを確認した。

　このことは，1段目ブースターの入力レベルを下げる必要があることであり，弱電界地域から少しずつ強電界に近づくと共に混変調はさらに激しくなり，1段目ブースターの現在の規格そのものを問い直さなければならない

ことを意味する。

　デジタル放送を開始するに当たり，近畿の20万世帯に影響が出るとすれば，大問題となる。これを解決するためには，さらに詳細なシミュレーションが必要で，想定されるエリア外受信地域での近畿の4個所以上の受信実験とデータの取得，放送同一条件での実験によって精度を高めると共に，障害地域におけるアナログおよびデジタルの受信モデルを提案，必要経費などを見極め，アンテナやブースター・メーカーへの指導，テレビ販売店や工事業者への技術指導が欠かせないものとなる。

　また，これらの結果は，恐らくこのような実験が行われていないであろう全国の関係者にとっても，貴重な資料となるに違いない。

　このような状況を踏まえて放送各社は受信対策を行い，送信出力を徐々に上げながら放送に漕ぎつけなければならないだろう。

最大の基幹メディアとしての発展を目指して

　日本における地上テレビ放送はさまざまな情報メディアの中にあって，放送メディアの中でも最大の基幹メディアである。この地上テレビ放送が2003年末からデジタル化されるが，果たして地上デジタル放送はどのような状況になるのだろうか。

　1998年9月23日，世界で初めての地上デジタル放送がイギリスで開始され，これに続いて1998年11月1日からアメリカでも放送が開始され，その後，ヨーロッパ，アジア各地でも次々と地上デジタル放送が開始されて，テレビ放送のデジタル化は世界的な潮流となってきた。

　しかし，真っ先に放送を開始したイギリスをはじめとして，アメリカな

どでの普及状況には問題も生じている。イギリスにおいてはBBCなどデジタル放送が徐々にではあるが普及し始めているとはいえ，英地上デジタル・テレビ放送のITVは巨額のサッカー放映権の取得などに絡み，2002年4月30日で倒産した。

アメリカについてみれば，現在のテレビ視聴の70%以上がケーブル受信によるものであること，直接受信については放送の伝送形式が8VSBであり，ゴースト妨害に極めて弱い形式であること，受信機が高額であったことやデジタル放送を行うネットワークも本腰を入れてHDTVなどを放送せず，単なるアップコンバートで手抜きをしていたことも影響して，受信者は数10万世帯にとどまっている。

最近，FCCが本腰を入れて普及に乗り出したことを，業界筋では歓迎しており，次第にデジタル放送は広がって行くものと思われる。

しかし，ケーブル受信がほとんどのアメリカでは，今後，ケーブル・テレビ事業者がこのデジタル化にかかる高額な投資に動くのかどうかは，はなはだ疑問があり，たとえケーブルのデジタル放送に対するマストキャリー法が通っても，むずかしい面はある。

FCCの後押しによって家電業界ばかりでなく，ネットワーク各局も，デジタル放送のコンテンツ強化に動き出しており，今後の動向が注目される。

1998年にスタートした欧米各局とは違って，日本では2003年末から地上デジタル放送がスタートする。放送開始が世界的に見ても遅れてしまった日本の地上デジタル放送だが，CATVの普及状況においても，地上デジタル放送の行政方針においても欧米とはまったく異なる上に，各局のHDTVの設備と技術の導入は世界一の状況にある。

アナ・アナ変換問題や混信妨害（エリア外受信），受信機のコスト高など

第14章　地上デジタル放送の開始に向けて

さまざまな問題はあるにせよ，スタートすれば忠実に実行する日本人の体質から考えても，普及は時間の問題であり，間違いない。

過去の歴史を振り返るとき，たとえ新しいメディアが登場し，ある程度のシェアを奪ったとしても，地上放送に対抗し凌駕(りょうが)するメディアはないであろう。

日本のテレビ放送はやがてすべてがデジタル化され，地上デジタル放送を最大の基幹メディアとして，衛星，ケーブル，ブロード・バンド，パッケージ・メディアなどが日常生活の中に浸透し，新しいデジタル化社会を作ってくれると考えている。

第15章
地上デジタル放送
夜明け前

> この章の記事は2002年11月に
> 讀賣テレビSHAHOに発表されたものをもとに再編集したものです

放送のデジタル化

　2003年12月，日本の地上放送がいよいよデジタル放送を開始する。今，日本のテレビ放送が始まって以来，50年の歴史の中で何が起ころうとしているのだろうか。

　放送のデジタル化の幕開けは1994年のアメリカから始まった。長年にわたって通信衛星を使い全米のケーブル・テレビへ番組配信を続けていたアメリカが，初めて放送衛星を使って150チャンネルを超える番組をデジタル放送で開始したのが1994年のことである。この結果，全米でケーブルや地上放送を見ることもできない地域を含め，2千万世帯を超える人々が衛星からの番組を視聴し楽しんでいる。

　日本においては，通信衛星を使ったCS放送のスカイパーフェクTVが，アメリカに続いて1996年，デジタル放送を開始した。

2003年12月から地上デジタル放送が始まることを報道する新聞
(朝日新聞2003年6月6日発行朝刊から)

それから2年後の1998年9月23日，イギリスが世界で初めて歴史的な快挙ともいえる「地上放送のデジタル化」，デジタル放送を開始したのである。続いて，イギリスの衛星放送「BSKYB」が10月1日からデジタル放送を開始，アメリカのネットワーク局を中心とする地上放送も同年の11月1日からデジタル放送を開始した。

　以来，フィンランド，スウェーデン，オーストラリア，シンガポール，韓国などで次々と地上放送のデジタル化が開始されて，景気の低迷や受信世帯の伸び悩み，ワールド・サッカーの巨額の放映権料でつまづいたイギリス民放ITVの倒産の例があるものの，放送のデジタル化は着実に進み始めた。

　2000年12月から始まった日本のBSデジタル放送も，やがて2年目を迎えることとなる。1千日1千万台普及の目標こそ危うくなったものの，液晶やプラズマ・ディスプレイ受信機の需要増大によるデジタル・テレビの着実な伸びは，今後のデジタル化に明るい材料を提供している。

　躍進の著しい中国でも，2005年に13都市でデジタル放送を開始し，2008年の北京オリンピックでは，デジタル・ハイビジョンによる放送が計画されている。日本が進める地上放送のデジタル化も，東京，大阪，名古屋において2003年12月から放送が開始されることになり，その準備が急がれている。

黎明期のデジタル放送

　トランジスタの集積化で生まれたICの登場，パソコンの登場と発展・普及に始まり，コンピュータによる放送番組の送出制御，番組制作機器のデ

ジタル化，画像処理のデジタル化へと進んだデジタル技術の発展は，やがて，日本の地上テレビ放送が1953年に始まって以来50年目にして，遂に放送のデジタル化を達成させることになる。

1948年，アメリカのベル研究所にいたシャノンが数学的理論に基づいて発表したデジタル化理論がトランジスタの発明，レーザー光線の登場，光ファイバーの発明，IC技術など高度集積回路技術や技術革新に助けられ，私たちを取り巻く生活用品や電化製品のデジタル化と共に，50数年を経て遂に放送のデジタル化をもたらし，21世紀のデジタル化社会を実現させた。

既に始まっている日本のBSデジタル放送に続き，2003年から始まる地上デジタル放送と前後して，新しく移動体向け衛星放送の開始やデジタル・ラジオの試験放送開始も予定されている。

デジタル・カメラやMD，CD，パソコン・データなどの加工，放送番組素材の記録，編集作業がデジタル技術によって容易となり，劣化することのない大量のデータや番組素材が，放送や通信回線を通して私たちの家庭へと送られる時代が今，到来したのである。

2003年の放送開始を目指し，1999年4月から始まった「近畿地上デジタル放送研究開発支援センター」での実験研究は，讀賣テレビなど近畿の放送事業者が参加し，スタジオ実験，マルチメディア実験，送信実験，受信実験など，想定される放送技術の多くの問題追求と確認，実証実験は今年で4年目を迎え，既に3年半が経過した。

この実験研究もいよいよ2003年3月末で終止符を打ち，来年度から各局で放送が開始される。

地上放送のデジタル化で，すべての放送がデジタル化されることになり，20世紀に始まったアナログ放送は2011年から完全にデジタル化される。

第15章　地上デジタル放送　夜明け前

　まさに，新しい時代の放送のはじまり，20世紀に生まれたデジタル技術が21世紀に花開いて，放送を含めたデジタル化時代が実現する。

衛星放送と地上放送の大きな違い

　BSやCS放送といわれる衛星放送では，地上放送と違い，それぞれの放送チャンネルは決められた1社が使用するだけで，他の放送事業者がダブって使用することはない。

　また，衛星の周波数やチャンネルは，衛星の軌道位置と共に国際間で取り決めが行われているため，割り当てられた周波数やチャンネルは，他で使用されることがない。このため，通常，衛星放送では直接見通せる電波を使用するので混信妨害などが発生しないので，ゴースト画像のない鮮明な画像が得られる。

　衛星放送のデジタル化によって放送の多チャンネル化が達成され，BSデジタル放送では民放キー局も参加したハイビジョンによる鮮明な衛星放送が可能となった。

　一方，地上放送においては，日本列島の中に1万5千局にも及ぶ放送局があり，地上放送として割り当てられた放送チャンネルは，すべて埋め尽くされている。

　地上波のデジタル化は，この一杯の放送周波数帯域の中で工夫，改善をしながら新たなエリア枠を確保し，放送に使用しなければならない。現在のYTVを見ても，生駒の親局をはじめとするすべての中継局を含めて182局を使った放送が行われている。同じ広域局といわれるMBS，ABC，KTVなども同様の放送を行っており，現在NHKも含めると近畿の地上放送の局数

は大変な数となる。

　地上のテレビ・チャンネルが62チャンネルしかないことから考えると，日本では，いかに密集した状態で電波が利用されているかがわかる。

　地上放送においてデジタル放送を開始するためには，現在のアナログ放送チャンネルを動かし，整理して空きエリアを作り，デジタル放送に提供しなければならない。この結果，現在見ているテレビのチャンネル変更が必要となり，テレビのチャンネル変更をしなければデジタル放送を実施することができなくなってしまう。

　このデジタル放送の開始に当たって，このように現在の見ているテレビ・チャンネルを変更し，視聴者が見られるようにする作業を「アナ・アナ変換」といっており，国家予算を使って対策を講ずることとなっている。

　これが完了しなければデジタル放送の開始ができないため，全国規模でこの調査と準備が進められ，ようやく2002年9月にアナ・アナ変換対策がまとまり，発表された。

　これによれば，対策費総額は1,800億円で全国の対象世帯数は426万世帯となっていて，近畿の内訳をみるとアナ・アナ変換と混信対策に57万世帯が見込まれ，受信対策費161億円，送信対策費17億円が割り当てられた。

　近畿では66局の中継局でアナ・アナ変換が必要となり，作業は2003年3月頃から始まり2006年7月までに終了する。2003年12月から予定されているデジタル放送も，このスケジュールに従って，中継局のデジタル化を進めなければならない。

　このようにして地上デジタル放送が開始されても，2011年の完全デジタル化が実現するまでは，アナログ放送とデジタル放送による過密な同時放送が続くため，混信問題や妨害などが発生し，その対策にも追われること

第15章　地上デジタル放送　夜明け前

となる。

　衛星と地上放送とは，このように大きく違っており，地上放送のデジタル化にはさまざまな問題が控えている。しかし，これをデジタル技術で解決しながら，衛星とは違った新しいサービスと利用を進めなければならない。

　アナ・アナ変換対策は，今述べたとおりいろいろな問題があるにせよ，解決策と方針が決定したことから，2003年3月以降からいよいよ作業が開始される。

　一方，生駒の親局送信所の準備については，YTVが真っ先に建物とアンテナ鉄塔を建て替えて準備しており，年明けと共にデジタル送信機やアンテナの取り付けが開始されれば，6月から予定されている試験電波も余裕を持って対処できる。

　好条件の生駒のYTV送信所はMBSと共同で利用することとなっており，生駒で最も条件のよい送信鉄塔はこれからのデジタル放送にとって揺るぎないサービスを提供する。他の在阪各局も現在アンテナ工事を進めており，2003年春にはそれぞれ完了する予定である。

準備は整ったのか

　アナ・アナ変換対策や混信問題に加えて，送信アンテナの設置場所を巡って新タワー建設などで揺れていた東京でも，現在の東京タワーでのアンテナ設置と放送が決定し，NHKと在京民放キー5局が2002年10月から建設工事を開始した。

　2002年11月現在，東京タワーの地上高約240メートルの場所に「3素子2L

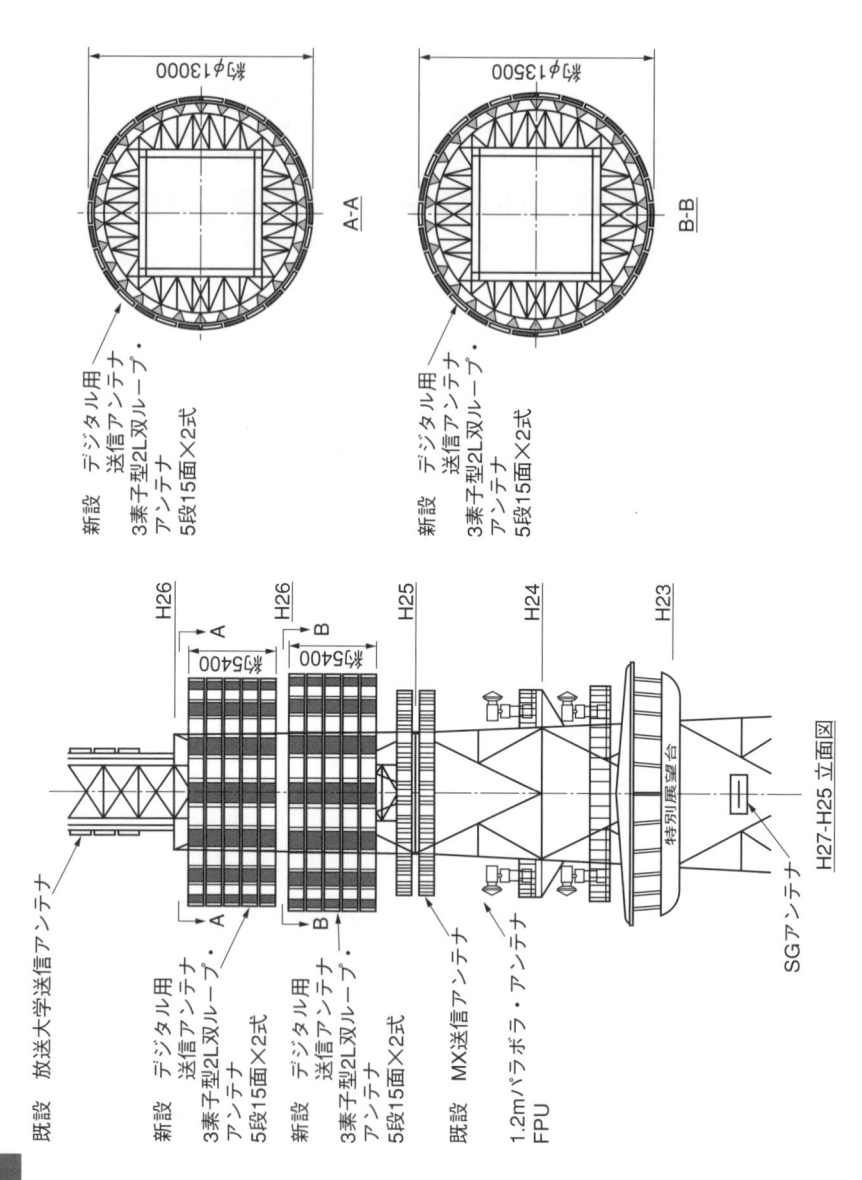

東京タワーに設置されている地上デジタル放送用アンテナの詳細

第15章 地上デジタル放送 夜明け前

双ループアンテナ」(5段15面)が2基取り付けられ,タワーを取り巻くアンテナの大きさは上段アンテナが直径13メートル,下段アンテナが13.5メートルで東京メトロポリタンのアンテナがある上部に,高さ12メートルの大型アンテナとして取り付けられ,上下紅白に塗り分けられたアンテナ・ドームが鮮やかなその全貌を現している。

このアンテナを使って,上段がNHK総合,教育,NTVの3波,下段はTBS,フジテレビ,テレビ朝日,テレビ東京の4波を送信する。コンピュータ・シミュレーションによって設計された最新の高性能アンテナは,2003年の1月末には完成し試験電波の放送が可能となる。

一方,名古屋では,現在の名古屋タワーから約20km離れた瀬戸市の海抜100メートルの地点に,地上240メートルのアンテナ・タワーを建設中である。アンテナ・タワーは2003年秋には完成し,11月引渡し,12月から試験電波を発射する予定で,東京,大阪に続いて放送が開始されることになっている。

アメリカやイギリスから5年遅れての放送開始となる日本の地上デジタル放送だが,周到な計画の下に技術的問題の解決に向けて急速に準備が進められており,今後の見通しも含めて予定どおりに放送が開始されるだろう。

2003年12月 放送開始と完全デジタル化を目指して

7月19日,総務省,NHK,民放で組織する「全国地上デジタル放送推進協議会」は,アナ・アナ変換対策費が1,800億円となることを明らかにした。続く8月1日,同協議会は全国32箇所に設置された地域の推進協議会代表者を集めて,その内訳,詳細を明らかにした。

これを受けて民放連は8月6日に，全国民放各社の技術局長を中心とする関係者の招集を行い，総務省からの説明会を開催した。

　総務省がまとめた地上デジタル放送の「放送普及基本計画案」「放送用周波数使用計画の一部変更案」「地上デジタル放送の免許方針案」の三つの制度整備案を審議するため，総務省は8月7日に電波監理審議会にこれらの案件を諮問，電波監理審議会はこの諮問内容を審議のうえ容認して，9月18日に答申を行った。

総務省が公表した免許方針の概要

　5年以上の長きにわたる調査・研究と，二転三転した制度整備や対策と検討を経て，今，日本の地上デジタル放送はようやく結審され，その全貌が明らかとなった。

　その内容は，以下に示すとおりである。

- 1日の放送時間のうち，3分の2以上を現行のアナログ放送と同じ番組で放送するサイマル放送を行うこと（残る3分の1はデジタル技術の特性を活かしたオリジナル番組が可能）。
- HDTVは1週間の放送時間のうち50％以上とし，それ以外の時間でSDTV3チャンネルなどの「まだら編成」を可能とする。
- できる限りHDTVの比率を高めることを要望すると共に，字幕放送，解説放送などの視聴覚障害者，高齢者に十分配慮した放送番組をできるだけ多く設けること。
- 教育番組は10％以上，教養番組は20％以上放送すること（NHKの教育テレビ放送については，教育番組75％以上，教養番組15％以上放送するこ

と)。
- 13セグメントのうちの1セグメントについて，移動体での受信ができる車載型，携帯型受信機端末への放送を認める。
ただし，あくまでもHDTV，SDTVの同時放送や音声のない天気予報などの補完放送として位置付ける。
- 三大広域圏では平成15年（2003年）までに，それ以外の地域では平成18年（2006年）までに地上デジタル放送を開始すること。
- 三大広域圏の親局の申請は2002年11月～2003年6月までとする（その他の地域の親局は2002年11月～2006年6月まで）。
- すべての中継局については2002年11月からとし，親局の申請時に原則として三大広域圏で，約60局所の中継局の建設計画を含めたものを提出することを求める。
- 三大広域圏以外の地域の地上デジタル放送およびアナログ放送の周波数変更対策の周波数については，これまでのプランを一時凍結し，3年以内に定める。
- 放送事業者の他の放送局に対する現行出資比率（同一放送エリア内10%以下，エリア外20%未満，放送衛星（BS）と通信衛星放送（CS）に対しては，3分の1未満と定めている）を緩和し，マス・メディアの集中排除原則を認めた上で，地方局が破綻する可能性のある場合，現行の出資比率を緩和し，同一エリア内での他局への積極的な出資を例外的に認める。

この結果，移動体向けなどへの放送が見込まれるなど，地上放送のデジタル化は新しい可能性を秘めてスタートが切られることとなった。

世界各国で始まった放送のデジタル化は，景気の低迷や放送番組の問題も含めて伸び悩んでいるものの，全体から見れば流れは確実にデジタル化へと向かっており，日本の放送のデジタル化は世界の放送のデジタル化の進展にとっての起爆剤になるに違いない。

　電波を使って画像を伝送する画期的なテレビジョン放送の開発を行った人類が，半世紀を経て，デジタル技術の発明と開発によってさらに新しい時代を迎えようとしている。

　20世紀半ばに生まれたデジタル技術は，通信技術などの技術革新と共に21世紀の人類に対する最大の贈り物であり，単に放送のデジタル化という狭い枠に留まることなく，21世紀の地球社会にとって人類が生存するために不可欠のものとなるであろう。

第16章
資　料

アナ・アナ変換対象地域
予備免許内容
関東・中京・近畿広域圏の地上デジタル放送チャンネル表
さくいん

関東広域圏のアナ・アナ変換対象地域

アナログ周波数変更（アナアナ変換と略称されることがあります）の対象となる関東地域の市町村として，総務省が発表している地域名は次のとおりです。

千葉県

印旛郡栄町	印旛郡酒々井町	香取郡小見川町	香取郡栗源町
香取郡神崎町	香取郡下総町	香取郡大栄町	香取郡多古町
香取郡東庄町	香取郡干潟町	香取郡山田町	
木更津市 君津市	佐倉市	佐原市	
山武郡山武町	山武郡芝山町	山武郡成東町	山武郡松尾町
山武郡横芝町	匝瑳郡野栄町	匝瑳郡光町	
袖ヶ浦市 銚子市	富里市	成田市	富津市
八街市	八日市場市		

上記の地域は，アナログ周波数変更対策の対象地域です。ただし，電波の受信状態により対策が必要でない世帯もあり，また対象地域外でも隣接した地域では，対策が必要になる世帯もあります。

注：アナ・アナ変換は地域によってこの表とは異なるチャンネルに変更される場合があります。

関東広域圏・千葉県　アナ・アナ変換対象地域

君津

リモコンNo	1		3		4		6		8		10		12		任意	
放送局名	NHK総合		NHK教育		日本テレビ		TBS		フジテレビ		テレビ朝日		テレビ東京		千葉テレビ	
	新	旧	新	旧	新	旧	新	旧	新	旧	新	旧	新	旧	新	旧
チャンネル															40	61

小見川

リモコンNo	1		3		4		6		8		10		12		任意	
放送局名	NHK総合		NHK教育		日本テレビ		TBS		フジテレビ		テレビ朝日		テレビ東京		千葉テレビ	
	新	旧	新	旧	新	旧	新	旧	新	旧	新	旧	新	旧	新	旧
チャンネル	34	52	50	50	25	54	40	56	43	58	45	60	38	62	48	48

小見川

リモコンNo	1		3		4		6		8		10		12		任意	
放送局名	NHK総合		NHK教育		日本テレビ		TBS		フジテレビ		テレビ朝日		テレビ東京		千葉テレビ	
	新	旧	新	旧	新	旧	新	旧	新	旧	新	旧	新	旧	新	旧
チャンネル	32	34			36	25										

成田

リモコンNo	1		3		4		6		8		10		12		任意	
放送局名	NHK総合		NHK教育		日本テレビ		TBS		フジテレビ		テレビ朝日		テレビ東京		千葉テレビ	
	新	旧	新	旧	新	旧	新	旧	新	旧	新	旧	新	旧	新	旧
チャンネル	51	30	49	28	53	25	55	23	57	21	59	19	61	17		

佐原

リモコンNo	1		3		4		6		8		10		12		任意	
放送局名	NHK総合		NHK教育		日本テレビ		TBS		フジテレビ		テレビ朝日		テレビ東京		千葉テレビ	
	新	旧	新	旧	新	旧	新	旧	新	旧	新	旧	新	旧	新	旧
チャンネル	52	29	44	32	54	26	56	24	58	22	60	20	62	18	35	36

下総光

多古は266ページへ続く

リモコンNo	1		3		4		6		8		10		12		任意	
放送局名	NHK総合		NHK教育		日本テレビ		TBS		フジテレビ		テレビ朝日		テレビ東京		千葉テレビ	
	新	旧	新	旧	新	旧	新	旧	新	旧	新	旧	新	旧	新	旧
チャンネル	32	33	50	27	37	37	41	41	43	43	45	45	47	47		

表の上部に記してある名称は、「中継所名」を表しています。

東京都

昭島市	稲城市	青梅市			
大島町					
国立市	小金井市	国分寺市	小平市	立川市	多摩市
調布市					
利島村					
八王子市	日野市	府中市	町田市	三鷹市	

地図に示される地名:

栃木県: 那須成沢, 那須寄居, 那須芦野, 那須伊王野, 那須稲沢, 黒羽中野内, 黒羽川上, 黒羽前田, 矢板, 日光清滝, 鬼怒藤原, 喜連川, 烏山神長, 烏山向田, 宇都宮, 益子上大羽

群馬県: 川場, 沼田発知, 沼田沼須, 白沢, 吾妻高山, 黒保根, 昭和永井, 子持小川原, 吾妻東, 子持伊熊, 桐生梅田, 大間々, 葛生, 前橋, 倉淵, 行幸田, 桐生, 足利, 岩舟, 太田, 妙義, 鬼石, 児玉, 下小坂, 下仁田

茨城県: 日立神峰, 日立白銀, 御前山, 南那須志鳥, 日立, 岩瀬, 那珂湊, 石岡, 常陸鹿島, 江戸崎, 佐原, 小見川, 銚子, 成田, 多古, 下総光

埼玉県: 小川, 秩父, 秩父定峰, 秩父栃谷

東京都: 青梅沢井, 八王子, 多摩

神奈川県: 相模湖, 津久井, 串川, 鶴ヶ峰, 横浜白根, 横浜, 南太田, 横浜みなと, 根岸岡村, 厚木飯山, 鎌倉笹田, 横須賀稲居, 秦野, 平塚, 逗子, 久里浜, 中井雛色

千葉県: 大原長志, 君津

大島: 大島岡田, 大島

上記の地域は,アナログ周波数変更対策の対象地域です。ただし,電波の受信状態により対策が必要でない世帯もあり,また対象地域外でも隣接した地域では,対策が必要になる世帯もあります。

関東広域圏・東京都　アナ・アナ変換対象地域

多摩

リモコンNo	1		3		4		6		8		10		12		任意	
放送局名	NHK総合		NHK教育		日本テレビ		TBS		フジテレビ		テレビ朝日		テレビ東京		MXテレビ	
	新	旧	新	旧	新	旧	新	旧	新	旧	新	旧	新	旧	新	旧
チャンネル	49	30	47	32	51	26	53	24	55	22	57	20	59	18	61	28

八王子

リモコンNo	1		3		4		6		8		10		12		任意	
放送局名	NHK総合		NHK教育		日本テレビ		TBS		フジテレビ		テレビ朝日		テレビ東京		MXテレビ	
	新	旧	新	旧	新	旧	新	旧	新	旧	新	旧	新	旧	新	旧
チャンネル	33	51	29	49	35	53	37	55	31	57	45	59	62	61	40	47

大島

リモコンNo	1		3		4		6		8		10		12		任意	
放送局名	NHK総合		NHK教育		日本テレビ		TBS		フジテレビ		テレビ朝日		テレビ東京		MXテレビ	
	新	旧	新	旧	新	旧	新	旧	新	旧	新	旧	新	旧	新	旧
チャンネル															34	19

大島岡田

リモコンNo	1		3		4		6		8		10		12		任意	
放送局名	NHK総合		NHK教育		日本テレビ		TBS		フジテレビ		テレビ朝日		テレビ東京		MXテレビ	
	新	旧	新	旧	新	旧	新	旧	新	旧	新	旧	新	旧	新	旧
チャンネル															32	25

青梅沢井

リモコンNo	1		3		4		6		8		10		12		任意	
放送局名	NHK総合		NHK教育		日本テレビ		TBS		フジテレビ		テレビ朝日		テレビ東京		MXテレビ	
	新	旧	新	旧	新	旧	新	旧	新	旧	新	旧	新	旧	新	旧
チャンネル	52	52	50	50	54	54	56	56	58	58	60	60	46	62	48	48

地上デジタル放送のすべて

神奈川県

川崎市麻生区	川崎市多摩区	川崎市宮前区
相模原市	座間市	津久井郡津久井町
大和市		
横浜市青葉区	横浜市旭区	横浜市瀬谷区
横浜市都筑区	横浜市緑区	横浜市南区

上記の地域は，アナログ周波数変更対策の対象地域です。ただし，電波の受信状態により対策が必要でない世帯もあり，また対象地域外でも隣接した地域では，対策が必要になる世帯もあります。

関東広域圏・神奈川県　アナ・アナ変換対象地域

横浜白根

リモコンNo	1		3		4		6		8		10		12		任意	
放送局名	NHK総合		NHK教育		日本テレビ		TBS		フジテレビ		テレビ朝日		テレビ東京		テレビ神奈川	
	新	旧	新	旧	新	旧	新	旧	新	旧	新	旧	新	旧	新	旧
チャンネル	45	51	36	49												

串川

リモコンNo	1		3		4		6		8		10		12		任意	
放送局名	NHK総合		NHK教育		日本テレビ		TBS		フジテレビ		テレビ朝日		テレビ東京		テレビ神奈川	
	新	旧	新	旧	新	旧	新	旧	新	旧	新	旧	新	旧	新	旧
チャンネル															44	47

南太田

リモコンNo	1		3		4		6		8		10		12		任意	
放送局名	NHK総合		NHK教育		日本テレビ		TBS		フジテレビ		テレビ朝日		テレビ東京		テレビ神奈川	
	新	旧	新	旧	新	旧	新	旧	新	旧	新	旧	新	旧	新	旧
チャンネル	44	44	36	40												

茨城県

石岡市	潮来市	稲敷郡東町	稲敷郡阿見町
稲敷郡江戸崎町	稲敷郡河内町	稲敷郡茎崎町	稲敷郡桜川村
稲敷郡新利根町	稲敷郡美浦村		
牛久市	鹿島郡神栖町	鹿島郡波崎町	
鹿嶋市	つくば市	土浦市	
那珂郡大宮町	那珂郡緒川村	那珂郡那珂町	行方郡麻生町
行方郡玉造町			
新治郡霞ヶ浦町	新治郡玉里村	新治郡千代田町	新治郡新治村
新治郡八郷町	西茨城郡岩瀬町		
東茨城郡小川町	東茨城郡御前山村	東茨城郡桂村	
東茨城郡常北町	東茨城郡美野里町	日立市	

上記の地域は、アナログ周波数変更対策の対象地域です。ただし、電波の受信状態により対策が必要でない世帯もあり、また対象地域外でも隣接した地域では、対策が必要になる世帯もあります。

関東広域圏・茨城県　アナ・アナ変換対象地域

石岡

リモコンNo	1		3		4		6		8		10		12		任意	
放送局名	NHK総合		NHK教育		日本テレビ		TBS		フジテレビ		テレビ朝日		テレビ東京			
	新	旧	新	旧	新	旧	新	旧	新	旧	新	旧	新	旧	新	旧
チャンネル	40	51	42	49												

御前山

リモコンNo	1		3		4		6		8		10		12		任意	
放送局名	NHK総合		NHK教育		日本テレビ		TBS		フジテレビ		テレビ朝日		テレビ東京			
	新	旧	新	旧	新	旧	新	旧	新	旧	新	旧	新	旧	新	旧
チャンネル	43	43	45	45	41	41	33	39	37	37	30	35	48	29		

常陸鹿島

リモコンNo	1		3		4		6		8		10		12		任意	
放送局名	NHK総合		NHK教育		日本テレビ		TBS		フジテレビ		テレビ朝日		テレビ東京			
	新	旧	新	旧	新	旧	新	旧	新	旧	新	旧	新	旧	新	旧
チャンネル									29	14						

常陸鹿島

リモコンNo	1		3		4		6		8		10		12		任意	
放送局名	NHK総合		NHK教育		日本テレビ		TBS		フジテレビ		テレビ朝日		テレビ東京			
	新	旧	新	旧	新	旧	新	旧	新	旧	新	旧	新	旧	新	旧
チャンネル	32	32	16	27	33	35	37	37	41	41	14	43	47	45		

岩瀬

リモコンNo	1		3		4		6		8		10		12		任意	
放送局名	NHK総合		NHK教育		日本テレビ		TBS		フジテレビ		テレビ朝日		テレビ東京			
	新	旧	新	旧	新	旧	新	旧	新	旧	新	旧	新	旧	新	旧
チャンネル	44	37	55	35	53	39	41	41	57	43	59	45	61	47		

日立神峰

リモコンNo	1		3		4		6		8		10		12		任意	
放送局名	NHK総合		NHK教育		日本テレビ		TBS		フジテレビ		テレビ朝日		テレビ東京			
	新	旧	新	旧	新	旧	新	旧	新	旧	新	旧	新	旧	新	旧
チャンネル	40	40	42	42	30	30	37	28	33	26	45	24	48	22		

日立白銀

リモコンNo	1		3		4		6		8		10		12		任 意	
放送局名	NHK総合		NHK教育		日本テレビ		TBS		フジテレビ		テレビ朝日		テレビ東京			
	新	旧	新	旧	新	旧	新	旧	新	旧	新	旧	新	旧	新	旧
チャンネル	51	51	53	49												

江戸崎

リモコンNo	1		3		4		6		8		10		12		任 意	
放送局名	NHK総合		NHK教育		日本テレビ		TBS		フジテレビ		テレビ朝日		テレビ東京			
	新	旧	新	旧	新	旧	新	旧	新	旧	新	旧	新	旧	新	旧
チャンネル	50	50	48	48	33	53	36	55	43	57	45	59	39	61		

多古（千葉県）

259ページから続く

リモコンNo	1		3		4		6		8		10		12		任 意	
放送局名	NHK総合		NHK教育		日本テレビ		TBS		フジテレビ		テレビ朝日		テレビ東京		千葉テレビ	
	新	旧	新	旧	新	旧	新	旧	新	旧	新	旧	新	旧	新	旧
チャンネル															15	40

小川（埼玉県）

276ページから続く

リモコンNo	1		3		4		6		8		10		12		任 意	
放送局名	NHK総合		NHK教育		日本テレビ		TBS		フジテレビ		テレビ朝日		テレビ東京		テレビ埼玉	
	新	旧	新	旧	新	旧	新	旧	新	旧	新	旧	新	旧	新	旧
チャンネル															44	45

関東広域圏・群馬県　アナ・アナ変換対象地域

群馬県

吾妻郡吾妻町	吾妻郡東村	吾妻郡高山村	
伊勢崎市	邑楽郡邑楽町	邑楽郡大泉町	邑楽郡千代田町
邑楽郡明和町	太田市	甘楽郡下仁田町	甘楽郡妙義町
北群馬郡小野上村	北群馬郡子持村	桐生市	群馬郡倉渕村
群馬郡榛名町	佐波郡東村	佐波郡境町	佐波郡玉村町
渋川市	勢多郡赤城村	勢多郡東村	勢多郡黒保根村
勢多郡新里村	高崎市	館林市	多野郡鬼石町
多野郡新町	利根郡川場村	利根郡昭和村	利根郡白沢村
利根郡利根村	富岡市	新田郡尾島町	新田郡笠懸町
新田郡新田町	新田郡薮塚本町	沼田市	藤岡市
山田郡大間々町			

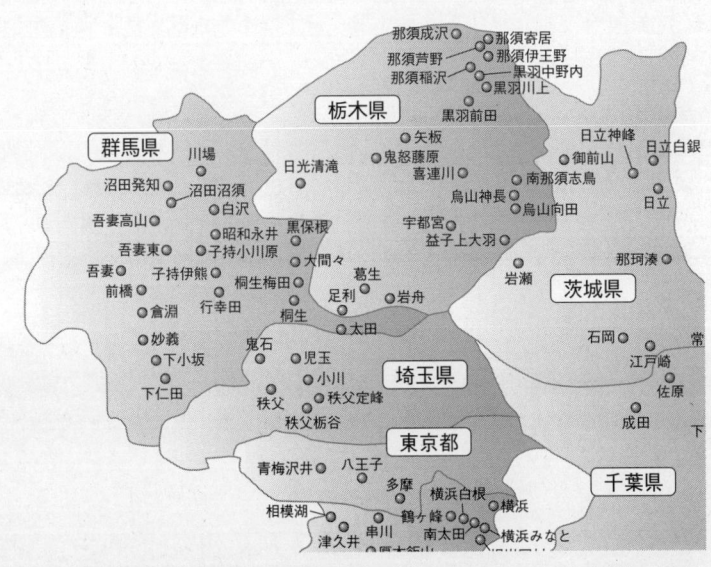

上記の地域は，アナログ周波数変更対策の対象地域です。ただし，電波の受信状態により対策が必要でない世帯もあり，また対象地域外でも隣接した地域では，対策が必要になる世帯もあります。

桐生

リモコンNo	1		3		4		6		8		10		12		任意	
放送局名	NHK総合		NHK教育		日本テレビ		TBS		フジテレビ		テレビ朝日		テレビ東京		群馬テレビ	
	新	旧	新	旧	新	旧	新	旧	新	旧	新	旧	新	旧	新	旧
チャンネル	51	43	57	45	53	39	55	37	35	35	59	33	61	31	41	41

太田

リモコンNo	1		3		4		6		8		10		12		任意	
放送局名	NHK総合		NHK教育		日本テレビ		TBS		フジテレビ		テレビ朝日		テレビ東京		群馬テレビ	
	新	旧	新	旧	新	旧	新	旧	新	旧	新	旧	新	旧	新	旧
チャンネル															31	36

吾妻

リモコンNo	1		3		4		6		8		10		12		任意	
放送局名	NHK総合		NHK教育		日本テレビ		TBS		フジテレビ		テレビ朝日		テレビ東京		群馬テレビ	
	新	旧	新	旧	新	旧	新	旧	新	旧	新	旧	新	旧	新	旧
チャンネル	44	44	46	46	15	36	34	34	32	32	30	30	17	28	38	42

吾妻東

リモコンNo	1		3		4		6		8		10		12		任意	
放送局名	NHK総合		NHK教育		日本テレビ		TBS		フジテレビ		テレビ朝日		テレビ東京		群馬テレビ	
	新	旧	新	旧	新	旧	新	旧	新	旧	新	旧	新	旧	新	旧
チャンネル	15	43	17	45												

吾妻高山

リモコンNo	1		3		4		6		8		10		12		任意	
放送局名	NHK総合		NHK教育		日本テレビ		TBS		フジテレビ		テレビ朝日		テレビ東京		群馬テレビ	
	新	旧	新	旧	新	旧	新	旧	新	旧	新	旧	新	旧	新	旧
チャンネル															31	33

妙義

リモコンNo	1		3		4		6		8		10		12		任意	
放送局名	NHK総合		NHK教育		日本テレビ		TBS		フジテレビ		テレビ朝日		テレビ東京		群馬テレビ	
	新	旧	新	旧	新	旧	新	旧	新	旧	新	旧	新	旧	新	旧
チャンネル															34	19

関東広域圏・群馬県　アナ・アナ変換対象地域

下小坂

リモコンNo	1		3		4		6		8		10		12		任意	
放送局名	NHK総合		NHK教育		日本テレビ		TBS		フジテレビ		テレビ朝日		テレビ東京		群馬テレビ	
	新	旧	新	旧	新	旧	新	旧	新	旧	新	旧	新	旧	新	旧
チャンネル	44	43	46	48												

川場

リモコンNo	1		3		4		6		8		10		12		任意	
放送局名	NHK総合		NHK教育		日本テレビ		TBS		フジテレビ		テレビ朝日		テレビ東京		群馬テレビ	
	新	旧	新	旧	新	旧	新	旧	新	旧	新	旧	新	旧	新	旧
チャンネル	44	44	46	46	53	53	55	55	57	57	59	59	61	61	31	42

沼田発知

リモコンNo	1		3		4		6		8		10		12		任意	
放送局名	NHK総合		NHK教育		日本テレビ		TBS		フジテレビ		テレビ朝日		テレビ東京		群馬テレビ	
	新	旧	新	旧	新	旧	新	旧	新	旧	新	旧	新	旧	新	旧
チャンネル	32	36	38	38											34	34

白沢

リモコンNo	1		3		4		6		8		10		12		任意	
放送局名	NHK総合		NHK教育		日本テレビ		TBS		フジテレビ		テレビ朝日		テレビ東京		群馬テレビ	
	新	旧	新	旧	新	旧	新	旧	新	旧	新	旧	新	旧	新	旧
チャンネル	35	35	17	37											15	33

沼田沼須

リモコンNo	1		3		4		6		8		10		12		任意	
放送局名	NHK総合		NHK教育		日本テレビ		TBS		フジテレビ		テレビ朝日		テレビ東京		群馬テレビ	
	新	旧	新	旧	新	旧	新	旧	新	旧	新	旧	新	旧	新	旧
チャンネル	30	43	20	45											41	41

倉渕

リモコンNo	1		3		4		6		8		10		12		任意	
放送局名	NHK総合		NHK教育		日本テレビ		TBS		フジテレビ		テレビ朝日		テレビ東京		群馬テレビ	
	新	旧	新	旧	新	旧	新	旧	新	旧	新	旧	新	旧	新	旧
チャンネル	31	43	35	45											41	41

地上デジタル放送のすべて

行幸田

リモコンNo	1		3		4		6		8		10		12		任意	
放送局名	NHK総合		NHK教育		日本テレビ		TBS		フジテレビ		テレビ朝日		テレビ東京		群馬テレビ	
	新	旧	新	旧	新	旧	新	旧	新	旧	新	旧	新	旧	新	旧
チャンネル	29	29	34	27											31	31

桐生梅田

リモコンNo	1		3		4		6		8		10		12		任意	
放送局名	NHK総合		NHK教育		日本テレビ		TBS		フジテレビ		テレビ朝日		テレビ東京		群馬テレビ	
	新	旧	新	旧	新	旧	新	旧	新	旧	新	旧	新	旧	新	旧
チャンネル	44	51	49	49	15	53	18	55	29	57	34	59	36	61	47	47

大間々

リモコンNo	1		3		4		6		8		10		12		任意	
放送局名	NHK総合		NHK教育		日本テレビ		TBS		フジテレビ		テレビ朝日		テレビ東京		群馬テレビ	
	新	旧	新	旧	新	旧	新	旧	新	旧	新	旧	新	旧	新	旧
チャンネル															31	27

黒保根

リモコンNo	1		3		4		6		8		10		12		任意	
放送局名	NHK総合		NHK教育		日本テレビ		TBS		フジテレビ		テレビ朝日		テレビ東京		群馬テレビ	
	新	旧	新	旧	新	旧	新	旧	新	旧	新	旧	新	旧	新	旧
チャンネル															31	25

子持小川原

リモコンNo	1		3		4		6		8		10		12		任意	
放送局名	NHK総合		NHK教育		日本テレビ		TBS		フジテレビ		テレビ朝日		テレビ東京		群馬テレビ	
	新	旧	新	旧	新	旧	新	旧	新	旧	新	旧	新	旧	新	旧
チャンネル	34	34	32	32	24	36	38	38	26	42	44	44	46	46	30	30

子持伊熊

リモコンNo	1		3		4		6		8		10		12		任意	
放送局名	NHK総合		NHK教育		日本テレビ		TBS		フジテレビ		テレビ朝日		テレビ東京		群馬テレビ	
	新	旧	新	旧	新	旧	新	旧	新	旧	新	旧	新	旧	新	旧
チャンネル	35	35	51	33	53	37	55	39	41	41	57	43	59	45	31	31

関東広域圏・栃木県　アナ・アナ変換対象地域

栃木県

足利市	阿蘇郡田沼町	宇都宮市	
大田原市	鹿沼市	上都賀郡西方町	
河内郡上三川町	河内郡南河内町	河内郡上河内町	河内郡河内町
黒磯市	佐野市		
塩谷郡氏家町	塩谷郡喜連川町	塩谷郡塩谷町	
塩谷郡高根沢町	塩谷郡藤原町	下都賀郡石橋町	
下都賀郡国分寺町	下都賀郡都賀町	下都賀郡壬生町	
栃木市	那須郡小川町	那須郡烏山町	那須郡黒羽町
那須郡塩原町	那須郡那須町	那須郡西那須野町	
那須郡南那須町	那須郡湯津上村		
日光市	賀郡市貝町	芳賀郡二宮町	芳賀郡芳賀町
芳賀郡益子町	真岡市	矢板市	

上記の地域は，アナログ周波数変更対策の対象地域です。ただし，電波の受信状態により対策が必要でない世帯もあり，また対象地域外でも隣接した地域では，対策が必要になる世帯もあります。

宇都宮

リモコンNo	1		3		4		6		8		10		12		任意	
放送局名	NHK総合		NHK教育		日本テレビ		TBS		フジテレビ		テレビ朝日		テレビ東京		とちぎテレビ	
	新	旧	新	旧	新	旧	新	旧	新	旧	新	旧	新	旧	新	旧
チャンネル	51	29	49	27	53	25	55	23	57	21	41	19	44	17		

足利

リモコンNo	1		3		4		6		8		10		12		任意	
放送局名	NHK総合		NHK教育		日本テレビ		TBS		フジテレビ		テレビ朝日		テレビ東京		とちぎテレビ	
	新	旧	新	旧	新	旧	新	旧	新	旧	新	旧	新	旧	新	旧
チャンネル	49	42	44	44											47	46

矢板

リモコンNo	1		3		4		6		8		10		12		任意	
放送局名	NHK総合		NHK教育		日本テレビ		TBS		フジテレビ		テレビ朝日		テレビ東京		とちぎテレビ	
	新	旧	新	旧	新	旧	新	旧	新	旧	新	旧	新	旧	新	旧
チャンネル	41	51	30	49	36	53	42	55	45	57	59	59	61	61	33	33

黒羽川上

リモコンNo	1		3		4		6		8		10		12		任意	
放送局名	NHK総合		NHK教育		日本テレビ		TBS		フジテレビ		テレビ朝日		テレビ東京		とちぎテレビ	
	新	旧	新	旧	新	旧	新	旧	新	旧	新	旧	新	旧	新	旧
チャンネル	50	51	48	49	52	53	54	55	56	57	59	59	61	61		

黒羽中野内

リモコンNo	1		3		4		6		8		10		12		任意	
放送局名	NHK総合		NHK教育		日本テレビ		TBS		フジテレビ		テレビ朝日		テレビ東京		とちぎテレビ	
	新	旧	新	旧	新	旧	新	旧	新	旧	新	旧	新	旧	新	旧
チャンネル	50	36	34	34	38	38	52	40	54	42	44	44	46	46		

黒羽前田

リモコンNo	1		3		4		6		8		10		12		任意	
放送局名	NHK総合		NHK教育		日本テレビ		TBS		フジテレビ		テレビ朝日		テレビ東京		とちぎテレビ	
	新	旧	新	旧	新	旧	新	旧	新	旧	新	旧	新	旧	新	旧
チャンネル	43	43	32	45												

関東広域圏・栃木県　アナ・アナ変換対象地域

烏山向田

リモコンNo	1		3		4		6		8		10		12		任意	
放送局名	NHK総合		NHK教育		日本テレビ		TBS		フジテレビ		テレビ朝日		テレビ東京		とちぎテレビ	
	新	旧	新	旧	新	旧	新	旧	新	旧	新	旧	新	旧	新	旧
チャンネル	44	42	46	40												

那須伊王野

リモコンNo	1		3		4		6		8		10		12		任意	
放送局名	NHK総合		NHK教育		日本テレビ		TBS		フジテレビ		テレビ朝日		テレビ東京		とちぎテレビ	
	新	旧	新	旧	新	旧	新	旧	新	旧	新	旧	新	旧	新	旧
チャンネル	56	42	54	40												

那須成沢

リモコンNo	1		3		4		6		8		10		12		任意	
放送局名	NHK総合		NHK教育		日本テレビ		TBS		フジテレビ		テレビ朝日		テレビ東京		とちぎテレビ	
	新	旧	新	旧	新	旧	新	旧	新	旧	新	旧	新	旧	新	旧
チャンネル	43	43	32	45												

那須寄居

リモコンNo	1		3		4		6		8		10		12		任意	
放送局名	NHK総合		NHK教育		日本テレビ		TBS		フジテレビ		テレビ朝日		テレビ東京		とちぎテレビ	
	新	旧	新	旧	新	旧	新	旧	新	旧	新	旧	新	旧	新	旧
チャンネル	32	36	34	34												

那須芦野

リモコンNo	1		3		4		6		8		10		12		任意	
放送局名	NHK総合		NHK教育		日本テレビ		TBS		フジテレビ		テレビ朝日		テレビ東京		とちぎテレビ	
	新	旧	新	旧	新	旧	新	旧	新	旧	新	旧	新	旧	新	旧
チャンネル	43	43	48	45												

那須稲沢

リモコンNo	1		3		4		6		8		10		12		任意	
放送局名	NHK総合		NHK教育		日本テレビ		TBS		フジテレビ		テレビ朝日		テレビ東京		とちぎテレビ	
	新	旧	新	旧	新	旧	新	旧	新	旧	新	旧	新	旧	新	旧
チャンネル	41	41	32	39												

喜連川

リモコンNo	1		3		4		6		8		10		12		任意	
放送局名	NHK総合		NHK教育		日本テレビ		TBS		フジテレビ		テレビ朝日		テレビ東京		とちぎテレビ	
	新	旧	新	旧	新	旧	新	旧	新	旧	新	旧	新	旧	新	旧
チャンネル	50	35	32	47	37	37	52	39	41	41	43	43	54	45		

南那須志鳥

リモコンNo	1		3		4		6		8		10		12		任意	
放送局名	NHK総合		NHK教育		日本テレビ		TBS		フジテレビ		テレビ朝日		テレビ東京		とちぎテレビ	
	新	旧	新	旧	新	旧	新	旧	新	旧	新	旧	新	旧	新	旧
チャンネル	50	35	32	47	37	37	52	39	41	41	43	43	54	45		

日光清滝

リモコンNo	1		3		4		6		8		10		12		任意	
放送局名	NHK総合		NHK教育		日本テレビ		TBS		フジテレビ		テレビ朝日		テレビ東京		とちぎテレビ	
	新	旧	新	旧	新	旧	新	旧	新	旧	新	旧	新	旧	新	旧
チャンネル	51	51	49	49	53	53	55	55	57	57	59	59	61	61	46	47

鬼怒藤原

リモコンNo	1		3		4		6		8		10		12		任意	
放送局名	NHK総合		NHK教育		日本テレビ		TBS		フジテレビ		テレビ朝日		テレビ東京		とちぎテレビ	
	新	旧	新	旧	新	旧	新	旧	新	旧	新	旧	新	旧	新	旧
チャンネル	35	35	33	33	37	37	39	39	41	41	43	43	45	45	31	47

益子上大羽

リモコンNo	1		3		4		6		8		10		12		任意	
放送局名	NHK総合		NHK教育		日本テレビ		TBS		フジテレビ		テレビ朝日		テレビ東京		とちぎテレビ	
	新	旧	新	旧	新	旧	新	旧	新	旧	新	旧	新	旧	新	旧
チャンネル	48	36	34	34	38	38	52	40	50	42	44	44	46	46		

烏山神長

リモコンNo	1		3		4		6		8		10		12		任意	
放送局名	NHK総合		NHK教育		日本テレビ		TBS		フジテレビ		テレビ朝日		テレビ東京		とちぎテレビ	
	新	旧	新	旧	新	旧	新	旧	新	旧	新	旧	新	旧	新	旧
チャンネル	35	35	47	47	37	37	39	39	41	41	43	43	32	45		

関東広域圏・埼玉県　アナ・アナ変換対象地域

埼玉県

大里郡大里村	大里郡岡部町	大里郡川本町	大里郡江南町
大里郡花園町	大里郡妻沼町	大里郡寄居町	
北足立郡吹上町	北埼玉郡川里町	北埼玉郡騎西町	
北埼玉郡南河原村			
行田市	熊谷市	鴻巣市	
児玉郡神泉村	児玉郡神川町	児玉郡上里町	児玉郡児玉町
児玉郡美里町	秩父市	秩父郡長瀞町	秩父郡皆野町
秩父郡吉田町	羽生市	東松山市	比企郡小川町
比企郡滑川町	比企郡吉見町	比企郡嵐山町	深谷市
本庄市			

上記の地域は，アナログ周波数変更対策の対象地域です。ただし，電波の受信状態により対策が必要でない世帯もあり，また対象地域外でも隣接した地域では，対策が必要になる世帯もあります。

地上デジタル放送のすべて

児玉　県域

リモコンNo	1		3		4		6		8		10		12		任意	
放送局名	NHK総合		NHK教育		日本テレビ		TBS		フジテレビ		テレビ朝日		テレビ東京		テレビ埼玉	
	新	旧	新	旧	新	旧	新	旧	新	旧	新	旧	新	旧	新	旧
チャンネル	51	33	35	35	53	25	55	23	57	21	59	19	61	17	30	28

秩父

リモコンNo	1		3		4		6		8		10		12		任意	
放送局名	NHK総合		NHK教育		日本テレビ		TBS		フジテレビ		テレビ朝日		テレビ東京		テレビ埼玉	
	新	旧	新	旧	新	旧	新	旧	新	旧	新	旧	新	旧	新	旧
チャンネル	14	51	49	49	16	53	18	55	29	57	38	59	44	61	47	47

鬼石

リモコンNo	1		3		4		6		8		10		12		任意	
放送局名	NHK総合		NHK教育		日本テレビ		TBS		フジテレビ		テレビ朝日		テレビ東京		テレビ埼玉	
	新	旧	新	旧	新	旧	新	旧	新	旧	新	旧	新	旧	新	旧
チャンネル	41	51	49	49												

鬼石（神泉）

リモコンNo	1		3		4		6		8		10		12		任意	
放送局名	NHK総合		NHK教育		日本テレビ		TBS		フジテレビ		テレビ朝日		テレビ東京		テレビ埼玉	
	新	旧	新	旧	新	旧	新	旧	新	旧	新	旧	新	旧	新	旧
チャンネル															29	45

秩父定峰

リモコンNo	1		3		4		6		8		10		12		任意	
放送局名	NHK総合		NHK教育		日本テレビ		TBS		フジテレビ		テレビ朝日		テレビ東京		テレビ埼玉	
	新	旧	新	旧	新	旧	新	旧	新	旧	新	旧	新	旧	新	旧
チャンネル	36	36	34	34	52	38	40	40	42	42	54	44	46	46	48	32

秩父栃谷

小川は266ページへ続く

リモコンNo	1		3		4		6		8		10		12		任意	
放送局名	NHK総合		NHK教育		日本テレビ		TBS		フジテレビ		テレビ朝日		テレビ東京		テレビ埼玉	
	新	旧	新	旧	新	旧	新	旧	新	旧	新	旧	新	旧	新	旧
チャンネル	35	35	33	33	37	37	58	39	41	41	43	43	60	45	31	31

中京広域圏・アナ・アナ変換対象地域

中京広域圏のアナ・アナ変換対象地域

　アナログ周波数変更（アナ・アナ変換と略称されることがあります）の対象となる中京広域圏での市町村として，総務省が発表している地域名は次のとおりです。

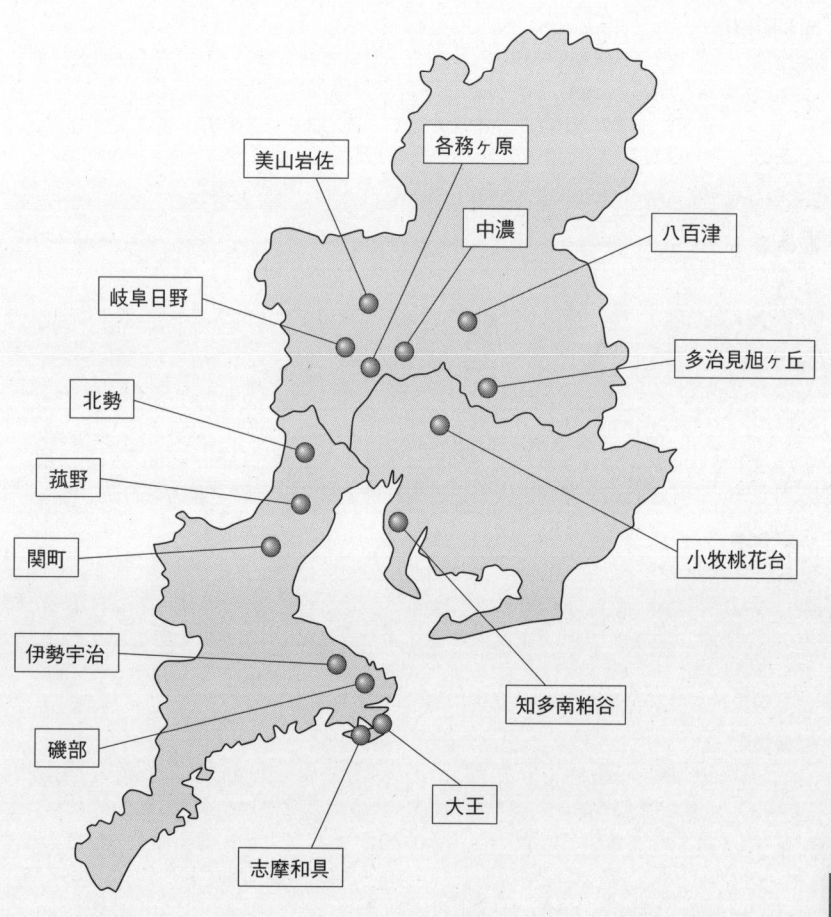

- 美山岩佐
- 各務ヶ原
- 中濃
- 八百津
- 岐阜日野
- 多治見旭ヶ丘
- 北勢
- 菰野
- 小牧桃花台
- 関町
- 伊勢宇治
- 知多南粕谷
- 磯部
- 大王
- 志摩和具

277

愛知県

小牧桃花台

リモコンNo	任意		任意		1		5		任意		11		任意		任意	
放送局名	NHK総合		NHK教育		東海テレビ		中部日本		中京テレビ		名古屋テレビ		テレビ愛知		岐阜放送	
	新	旧	新	旧	新	旧	新	旧	新	旧	新	旧	新	旧	新	旧
チャンネル	53	29	49	27												

主な対象地域:小牧市の一部/春日井市の一部

知多南粕谷

リモコンNo	任意		任意		1		5		任意		11		任意		任意	
放送局名	NHK総合		NHK教育		東海テレビ		中部日本		中京テレビ		名古屋テレビ		テレビ愛知		岐阜放送	
	新	旧	新	旧	新	旧	新	旧	新	旧	新	旧	新	旧	新	旧
チャンネル					57	44							51	51		

主な対象地域:常滑市の一部/知多市の一部

岐阜県

中濃

リモコンNo	任意		任意		任意		任意		任意		11		任意		任意	
放送局名	NHK総合		NHK教育		東海テレビ		中部日本		中京テレビ		名古屋テレビ		テレビ愛知		岐阜放送	
	新	旧	新	旧	新	旧	新	旧	新	旧	新	旧	新	旧	新	旧
チャンネル			50	29	56	27	62	21			60	23				

主な対象地域:岐阜市/多治見市/関市/美濃市/美濃加茂市/可児市の各一部
　　　　　　坂祝町/富加町/川辺町/八百津町/御嵩町/兼山町の各一部

美山岩佐

リモコンNo	任意		任意		1		5		任意		11		任意		任意	
放送局名	NHK総合		NHK教育		東海テレビ		中部日本		中京テレビ		名古屋テレビ		テレビ愛知		岐阜放送	
	新	旧	新	旧	新	旧	新	旧	新	旧	新	旧	新	旧	新	旧
チャンネル	33	18	48	16												

主な対象地域:美山町の一部/武芸川町の一部

岐阜日野

リモコンNo	任意		任意		1		5		任意		11		任意		任意	
放送局名	NHK総合		NHK教育		東海テレビ		中部日本		中京テレビ		名古屋テレビ		テレビ愛知		岐阜放送	
	新	旧	新	旧	新	旧	新	旧	新	旧	新	旧	新	旧	新	旧
チャンネル			48	50											54	56

主な対象地域:岐阜市の一部/各務原市の一部

中京広域圏・愛知県/岐阜県/三重県　アナ・アナ変換対象地域

八百津

リモコンNo	任意	任意		1		5		任意		11		任意		任意	
放送局名	NHK総合	NHK教育		東海テレビ		中部日本		中京テレビ		名古屋テレビ		テレビ愛知		岐阜放送	
	新	旧	新	旧	新	旧	新	旧	新	旧	新	旧	新	旧
チャンネル			48	62											

主な対象地域：岐阜市の一部／各務原市の一部

多治見旭が丘

リモコンNo	任意	任意		1		5		任意		11		任意		任意	
放送局名	NHK総合	NHK教育		東海テレビ		中部日本		中京テレビ		名古屋テレビ		テレビ愛知		岐阜放送	
	新	旧	新	旧	新	旧	新	旧	新	旧	新	旧	新	旧
チャンネル			52	50											

主な対象地域：多治見市の一部

各務原

リモコンNo	任意	任意		1		5		任意		11		任意		任意	
放送局名	NHK総合	NHK教育		東海テレビ		中部日本		中京テレビ		名古屋テレビ		テレビ愛知		岐阜放送	
	新	旧	新	旧	新	旧	新	旧	新	旧	新	旧	新	旧
チャンネル	43	30												41	28

主な対象地域：岐阜市の一部／各務原市の一部／犬山市の一部

三重県

磯部

リモコンNo	任意	任意		1		5		任意		11		任意		任意	
放送局名	NHK総合	NHK教育		東海テレビ		中部日本		中京テレビ		名古屋テレビ		テレビ愛知		三重テレビ	
	新	旧	新	旧	新	旧	新	旧	新	旧	新	旧	新	旧
チャンネル									39	27					

主な対象地域：鳥羽市／南勢町／浜島町／大王町／志摩町／阿児町／磯部町の各一部

菰野

リモコンNo	任意	任意		1		6		任意		11		任意		任意	
放送局名	NHK総合	NHK教育		東海テレビ		中部日本		中京テレビ		名古屋テレビ		テレビ愛知		三重テレビ	
	新	旧	新	旧	新	旧	新	旧	新	旧	新	旧	新	旧
チャンネル	45	23							51	27				41	28

主な対象地域：四日市市／桑名市／員弁町／大安町／東員町／菰野町の各一部

北勢

リモコンNo	任意		任意		任意		任意		任意		11		任意		任意	
放送局名	NHK総合		NHK教育		東海テレビ		中部日本		中京テレビ		名古屋テレビ		テレビ愛知		三重テレビ	
	新	旧	新	旧	新	旧	新	旧	新	旧	新	旧	新	旧	新	旧
チャンネル	54	44			56	26	62	24								

主な対象地域：四日市市／北勢町／員弁町／大安町／東員町／藤原町／菰野町の各一部

関町

リモコンNo	任意		任意		任意		任意		任意		任意		任意		任意	
放送局名	NHK総合		NHK教育		東海テレビ		中部日本		中京テレビ		名古屋テレビ		テレビ愛知		三重テレビ	
	新	旧	新	旧	新	旧	新	旧	新	旧	新	旧	新	旧	新	旧
チャンネル					43	27	48	29	51	21	41	23				

主な対象地域：亀山市／関町／芸濃町の各一部

伊勢宇治

リモコンNo	任意		任意		1		5		任意		11		任意		任意	
放送局名	NHK総合		NHK教育		東海テレビ		中部日本		中京テレビ		名古屋テレビ		テレビ愛知		三重テレビ	
	新	旧	新	旧	新	旧	新	旧	新	旧	新	旧	新	旧	新	旧
チャンネル	51	18	39	16												

主な対象地域：伊勢市の一部

志摩和具

リモコンNo	任意		任意		1		5		任意		11		任意		任意	
放送局名	NHK総合		NHK教育		東海テレビ		中部日本		中京テレビ		名古屋テレビ		テレビ愛知		三重テレビ	
	新	旧	新	旧	新	旧	新	旧	新	旧	新	旧	新	旧	新	旧
チャンネル	36	32	34	30												

主な対象地域：志摩町一部

大王

リモコンNo	任意		任意		1		5		任意		11		任意		任意	
放送局名	NHK総合		NHK教育		東海テレビ		中部日本		中京テレビ		名古屋テレビ		テレビ愛知		三重テレビ	
	新	旧	新	旧	新	旧	新	旧	新	旧	新	旧	新	旧	新	旧
チャンネル	31	18	33	16												

主な対象地域：大王町の一部

近畿広域圏のアナ・アナ変換対象地域

　アナログ周波数変更（アナ・アナ変換と略称されることがあります）の対象となる近畿広域圏での市町村として，総務省が発表している地域名は次のとおりです。

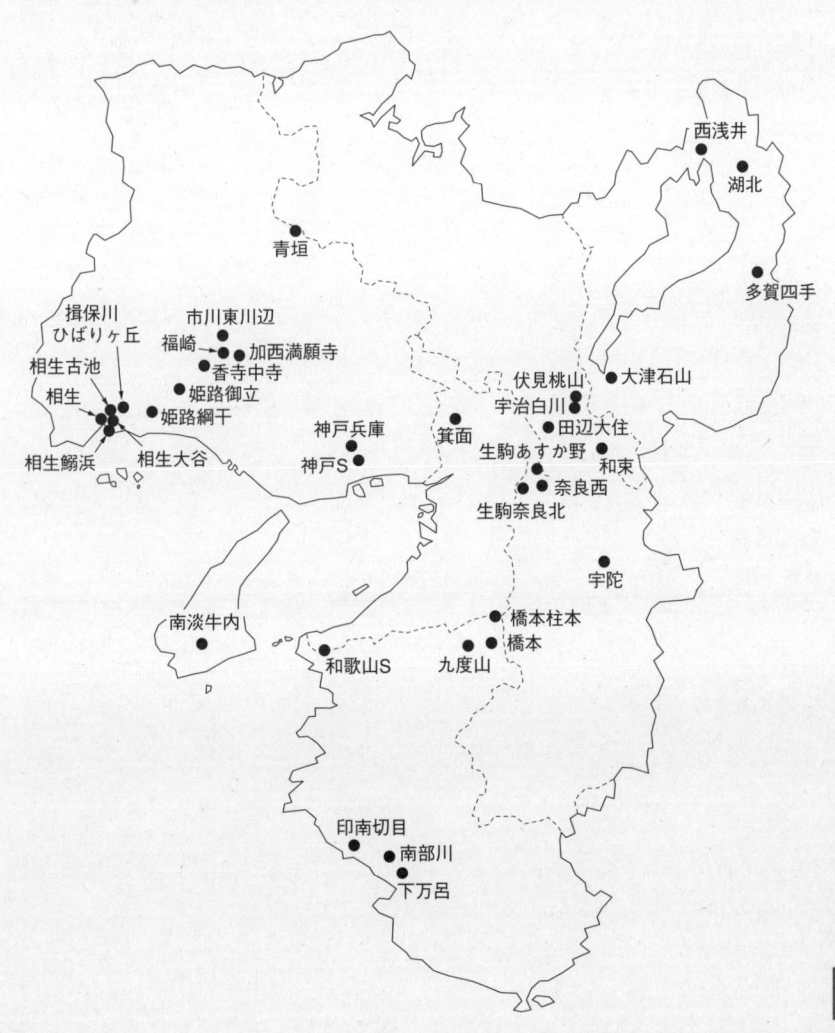

- 西浅井
- 湖北
- 多賀四手
- 青垣
- 揖保川
- ひばりヶ丘
- 市川東川辺
- 福崎
- 加西満願寺
- 香寺中寺
- 伏見桃山
- 大津石山
- 相生古池
- 相生
- 姫路御立
- 宇治白川
- 田辺大住
- 姫路綱干
- 神戸兵庫
- 箕面
- 生駒あすか野
- 和束
- 相生鰯浜
- 相生大谷
- 神戸S
- 奈良西
- 生駒奈良北
- 宇陀
- 南淡牛内
- 橋本柱本
- 橋本
- 和歌山S
- 九度山
- 印南切目
- 南部川
- 下万呂

滋賀県

大津石山

リモコンNo	2		12		4		6		8		10		任意	
放送局名	NHK総合		NHK教育		毎日放送		朝日放送		関西テレビ		読売テレビ		びわこ放送	
	新	旧	新	旧	新	旧	新	旧	新	旧	新	旧	新	旧
チャンネル	45	45	43	43	18	23	47	25	37	37	39	39	41	41

主な対象地域:大津市

湖北町

リモコンNo	2		12		4		6		8		10		任意	
放送局名	NHK総合		NHK教育		毎日放送		朝日放送		関西テレビ		読売テレビ		びわこ放送	
	新	旧	新	旧	新	旧	新	旧	新	旧	新	旧	新	旧
チャンネル	25	25	32	27										

主な対象地域:湖北町

西浅井

リモコンNo	2		12		4		6		8		10		任意	
放送局名	NHK総合		NHK教育		毎日放送		朝日放送		関西テレビ		読売テレビ		びわこ放送	
	新	旧	新	旧	新	旧	新	旧	新	旧	新	旧	新	旧
チャンネル					19	33	35	35	21	37	23	39	41	41

主な対象地域:西浅井町

多賀四手

リモコンNo	2		12		4		6		8		10		任意	
放送局名	NHK総合		NHK教育		毎日放送		朝日放送		関西テレビ		読売テレビ		びわこ放送	
	新	旧	新	旧	新	旧	新	旧	新	旧	新	旧	新	旧
チャンネル					19	33	21	37	47	39	23	39	41	41

主な対象地域:多賀町

近畿広域圏・滋賀県／京都府／大阪府　アナ・アナ変換対象地域

京都府

田辺大住

リモコンNo	2		12		4		6		8		10		任意	
放送局名	NHK総合		NHK教育		毎日放送		朝日放送		関西テレビ		読売テレビ		京都放送	
	新	旧	新	旧	新	旧	新	旧	新	旧	新	旧	新	旧
チャンネル	49	49	37	61	53	53	55	55	39	57	41	59	51	51

主な対象地域：京田辺市

伏見桃山

リモコンNo	2		12		4		6		8		10		任意	
放送局名	NHK総合		NHK教育		毎日放送		朝日放送		関西テレビ		読売テレビ		京都放送	
	新	旧	新	旧	新	旧	新	旧	新	旧	新	旧	新	旧
チャンネル	59	29	61	25									57	27

主な対象地域：京都市伏見区／宇治市

和束

リモコンNo	2		12		4		6		8		10		任意	
放送局名	NHK総合		NHK教育		毎日放送		朝日放送		関西テレビ		読売テレビ		京都放送	
	新	旧	新	旧	新	旧	新	旧	新	旧	新	旧	新	旧
チャンネル	38	31											40	29

主な対象地域：和束町／加茂町

宇治白川

リモコンNo	2		12		4		6		8		10		12	
放送局名	NHK総合		NHK教育		毎日放送		朝日放送		関西テレビ		読売テレビ		京都放送	
	新	旧	新	旧	新	旧	新	旧	新	旧	新	旧	新	旧
チャンネル	44	44	46	61										

主な対象地域：宇治市

大阪府

箕面

リモコンNo	2		12		4		6		8		10		12	
放送局名	NHK総合		NHK教育		毎日放送		朝日放送		関西テレビ		読売テレビ		京都放送	
	新	旧	新	旧	新	旧	新	旧	新	旧	新	旧	新	旧
チャンネル													62	23

主な対象地域：豊中市／池田市／吹田市／茨木市／箕面市

奈良県

奈良あすか野

リモコンNo	2		12		4		6		8		10		任意	
放送局名	NHK総合		NHK教育		毎日放送		朝日放送		関西テレビ		読売テレビ		奈良テレビ	
	新	旧	旧	旧	新	旧	新	旧	新	旧	新	旧	新	旧
チャンネル	52	52	54	54	37	42	44	44	39	46	48	48	50	50

主な対象地域：生駒市

奈良西

リモコンNo	2		12		4		6		8		10		任意	
放送局名	NHK総合		NHK教育		毎日放送		朝日放送		関西テレビ		読売テレビ		奈良テレビ	
	新	旧	旧	旧	新	旧	新	旧	新	旧	新	旧	新	旧
チャンネル	46	57											42	59

主な対象地域：奈良市／生駒市

生駒奈良北

リモコンNo	2		12		4		6		8		10		任意	
放送局名	NHK総合		NHK教育		毎日放送		朝日放送		関西テレビ		読売テレビ		奈良テレビ	
	新	旧	旧	旧	新	旧	新	旧	新	旧	新	旧	新	旧
チャンネル	58	24	62	22									60	26

主な対象地域：奈良県奈良市／大和郡山市／天理市／生駒市／平群町／三郷町／
斑鳩町／上牧町／王寺町／河合町
京都府城陽市／京田辺市／井出町／山城町／加茂町／木津町／精華町
大阪府四条畷町

宇陀

リモコンNo	2		12		4		6		8		10		任意	
放送局名	NHK総合		NHK教育		毎日放送		朝日放送		関西テレビ		読売テレビ		奈良テレビ	
	新	旧	旧	旧	新	旧	新	旧	新	旧	新	旧	新	旧
チャンネル	40	29	38	31									53	27

主な対象地域：桜井市／大宇陀町／榛原町

近畿広域圏・奈良県／兵庫県　アナ・アナ変換対象地域

兵庫県

市川東川辺

リモコンNo	2		12		4		6		8		10		任意	
放送局名	NHK総合		NHK教育		毎日放送		朝日放送		関西テレビ		読売テレビ		サンテレビ	
	新	旧	新	旧	新	旧	新	旧	新	旧	新	旧	新	旧
チャンネル	44	44	46	46	34	34	38	38	40	40	42	42	49	48

主な対象地域：市川町

姫路網干

リモコンNo	2		12		4		6		8		10		任意	
放送局名	NHK総合		NHK教育		毎日放送		朝日放送		関西テレビ		読売テレビ		サンテレビ	
	新	旧	新	旧	新	旧	新	旧	新	旧	新	旧	新	旧
チャンネル	29	29	48	31										

主な対象地域：姫路市

加西万願寺

リモコンNo	2		12		4		6		8		10		任意	
放送局名	NHK総合		NHK教育		毎日放送		朝日放送		関西テレビ		読売テレビ		サンテレビ	
	新	旧	新	旧	新	旧	新	旧	新	旧	新	旧	新	旧
チャンネル	51	51	54	49										

主な対象地域：加西市

神戸兵庫

リモコンNo	2		12		4		6		8		10		任意	
放送局名	NHK総合		NHK教育		毎日放送		朝日放送		関西テレビ		読売テレビ		サンテレビ	
	新	旧	新	旧	新	旧	新	旧	新	旧	新	旧	新	旧
チャンネル	52	43	50	45	54	31	39	39	60	41	62	47	35	35

主な対象地域：神戸市北区

香寺中寺

リモコンNo	2		12		4		6		8		10		任意	
放送局名	NHK総合		NHK教育		毎日放送		朝日放送		関西テレビ		読売テレビ		サンテレビ	
	新	旧	新	旧	新	旧	新	旧	新	旧	新	旧	新	旧
チャンネル	30	43	27	45	33	33	35	35	37	37	48	41	39	39

主な対象地域：香寺町

福崎

リモコンNo	2		12		4		6		8		10		任意	
放送局名	NHK総合		NHK教育		毎日放送		朝日放送		関西テレビ		読売テレビ		サンテレビ	
	新	旧	新	旧	新	旧	新	旧	新	旧	新	旧	新	旧
チャンネル	30	43	27	45	33	33	35	35	37	37	48	41	39	39

主な対象地域：姫路市／小野市／加西市／社町／市川町／福崎町／香寺町

相生古池

リモコンNo	2		12		4		6		8		10		任意	
放送局名	NHK総合		NHK教育		毎日放送		朝日放送		関西テレビ		読売テレビ		サンテレビ	
	新	旧	新	旧	新	旧	新	旧	新	旧	新	旧	新	旧
チャンネル	24	26	30	30										

主な対象地域：相生市

神戸S

リモコンNo	2		12		4		6		8		10		任意	
放送局名	NHK総合		NHK教育		毎日放送		朝日放送		関西テレビ		読売テレビ		サンテレビ	
	新	旧	新	旧	新	旧	新	旧	新	旧	新	旧	新	旧
チャンネル			45	26	31	18	41	20	43	22	47	24		

主な対象地域：神戸市兵庫区／長田区／須磨区／垂水区／北区／西区
　　　　　　　姫路市／明石市／加古川市／龍野市／赤穂市／三木市／高砂市／小野市／加西市
　　　　　　　社町／東条町／稲美町／播磨町／香寺町／津名町／淡路町／北淡町／東浦町

相生

リモコンNo	2		12		4		6		8		10		任意	
放送局名	NHK総合		NHK教育		毎日放送		朝日放送		関西テレビ		読売テレビ		サンテレビ	
	新	旧	新	旧	新	旧	新	旧	新	旧	新	旧	新	旧
チャンネル	43	43	48	45	33	33	35	35	37	37	41	41	39	39

主な対象地域：相生市

揖保川ひばりが丘

リモコンNo	2		12		4		6		8		10		任意	
放送局名	NHK総合		NHK教育		毎日放送		朝日放送		関西テレビ		読売テレビ		サンテレビ	
	新	旧	新	旧	新	旧	新	旧	新	旧	新	旧	新	旧
チャンネル	43	43	48	45	33	33	35	35	37	37	41	41	39	39

主な対象地域：揖保川町

近畿広域圏・兵庫県　アナ・アナ変換対象地域

相生鰯浜

リモコンNo	2		12		4		6		8		10		任意	
放送局名	NHK総合		NHK教育		毎日放送		朝日放送		関西テレビ		読売テレビ		サンテレビ	
	新	旧	新	旧	新	旧	新	旧	新	旧	新	旧	新	旧
チャンネル	43	43	48	45	33	33	35	35	37	37	41	41	39	39

主な対象地域：御津町

相生大谷

リモコンNo	2		12		4		6		8		10		任意	
放送局名	NHK総合		NHK教育		毎日放送		朝日放送		関西テレビ		読売テレビ		サンテレビ	
	新	旧	新	旧	新	旧	新	旧	新	旧	新	旧	新	旧
チャンネル	43	43	48	45	33	33	35	35	37	37	41	41	39	39

主な対象地域：相生市

相生御立

リモコンNo	2		12		4		6		8		10		任意	
放送局名	NHK総合		NHK教育		毎日放送		朝日放送		関西テレビ		読売テレビ		サンテレビ	
	新	旧	新	旧	新	旧	新	旧	新	旧	新	旧	新	旧
チャンネル	29	29	19	31										

主な対象地域：姫路市

南淡牛内

リモコンNo	2		12		4		6		8		10		任意	
放送局名	NHK総合		NHK教育		毎日放送		朝日放送		関西テレビ		読売テレビ		サンテレビ	
	新	旧	新	旧	新	旧	新	旧	新	旧	新	旧	新	旧
チャンネル	29	40	45	45									32	34

主な対象地域：南淡町

青垣

リモコンNo	2		12		4		6		8		10		任意	
放送局名	NHK総合		NHK教育		毎日放送		朝日放送		関西テレビ		読売テレビ		サンテレビ	
	新	旧	新	旧	新	旧	新	旧	新	旧	新	旧	新	旧
チャンネル	57	17	45	15	21	21	61	25	27	27	29	29	59	23

主な対象地域：青垣町

和歌山県

橋本柱本

リモコンNo	2		12		4		6		8		10		任意	
放送局名	NHK総合		NHK教育		毎日放送		朝日放送		関西テレビ		読売テレビ		テレビ和歌山	
	新	旧	新	旧	新	旧	新	旧	新	旧	新	旧	新	旧
チャンネル	38	52	30	50	62	62	56	56	48	58	60	60	40	54

主な対象地域:橋本市

橋本

リモコンNo	2		12		4		6		8		10		任意	
放送局名	NHK総合		NHK教育		毎日放送		朝日放送		関西テレビ		読売テレビ		テレビ和歌山	
	新	旧	新	旧	新	旧	新	旧	新	旧	新	旧	新	旧
チャンネル	52	23	50	21	54	47	58	27	29	29	31	31	25	25

主な対象地域:橋本市/かつらぎ町/高野口町/九度山町

九度山

リモコンNo	2		12		4		6		8		10		任意	
放送局名	NHK総合		NHK教育		毎日放送		朝日放送		関西テレビ		読売テレビ		テレビ和歌山	
	新	旧	新	旧	新	旧	新	旧	新	旧	新	旧	新	旧
チャンネル	27	22	21	20									47	24

主な対象地域:橋本市/かつらぎ町/高野口町/九度山町

和歌山S

リモコンNo	2		12		4		6		8		10		任意	
放送局名	NHK総合		NHK教育		毎日放送		朝日放送		関西テレビ		読売テレビ		テレビ和歌山	
	新	旧	新	旧	新	旧	新	旧	新	旧	新	旧	新	旧
チャンネル			25	26	42	42	44	44	46	46	48	48		

主な対象地域:和歌山市/海南市/有田市/内田町/粉川町/貴志川町/岩出町

下万呂

リモコンNo	2		12		4		6		8		10		任意	
放送局名	NHK総合		NHK教育		毎日放送		朝日放送		関西テレビ		読売テレビ		テレビ和歌山	
	新	旧	新	旧	新	旧	新	旧	新	旧	新	旧	新	旧
チャンネル	53	53	55	55	34	34	38	38	40	40	59	47	57	36

主な対象地域:田辺市

近畿広域圏・和歌山県　アナ・アナ変換対象地域

南部川

リモコンNo	2		12		4		6		8		10		任　意	
放送局名	NHK総合		NHK教育		毎日放送		朝日放送		関西テレビ		読売テレビ		テレビ和歌山	
	新	旧	新	旧	新	旧	新	旧	新	旧	新	旧	新	旧
チャンネル	44	44	46	46	36	24	28	28	30	30	32	32	26	26

主な対象地域：南部川村

印南切目

リモコンNo	2		12		4		6		8		10		任　意	
放送局名	NHK総合		NHK教育		毎日放送		朝日放送		関西テレビ		読売テレビ		テレビ和歌山	
	新	旧	新	旧	新	旧	新	旧	新	旧	新	旧	新	旧
チャンネル	44	44	46	46	36	24	28	28	30	30	32	32	26	26

主な対象地域：印南町

NHK総合　予備免許の内容

申請者	日本放送協会　会長　海老沢　勝二	
放送事項	報道・教育・教養・娯楽	
放送区域及び放送区域内世帯数	300W　東京都・千葉県・埼玉県・茨城県及び神奈川県の各一部 　　　　約690万世帯 410W　東京都・千葉県・埼玉県・茨城県及び神奈川県の各一部 　　　　約880万世帯（注1） 10kW　東京都・千葉県・埼玉県及び神奈川県のほぼ全域・茨城県 　　　　栃木県及び群馬県の各一部（現行アナログ放送と同規模） 　　　　約1400万世帯（注2）	
設置場所	送信所	東京都港区芝公園4-2-8
	演奏所	東京都渋谷区神南2-2-1
指定事項	呼出符号	JOAK-DTV
	呼出名称	NHKとうきょうデジタルテレビジョン
	工事落成期限	平成15年11月末日
	電波の型式・周波数	X7W　557.142857MHz（27ch）
	空中線電力	10kW / 410W（*） / 300W（*） （*）アナログ周波数変更対策等の進捗に合わせ、段階的に増力する過程における指定電力。
	運用許容時間	常時
条　件	放送番組の編集及び放送に当たっては，申請書記載のとおり，教育番組10％以上，教養番組20％以上を確保すること。	

注1　2004年末を目途とした放送区域。
注2　2005年末を目途とした放送区域。

NHK教育　予備免許の内容

申請者	日本放送協会　会長　海老沢　勝二	
放送事項	報道・教育・教養	
放送区域及び放送区域内世帯数	15.5W　港区・千代田区・中央区などの各一部 　　　　約12万世帯 700W　東京都・千葉県・埼玉県・茨城県及び神奈川県の各一部 　　　　約640万世帯（注1） 10kW　東京都・千葉県・埼玉県及び神奈川県のほぼ全域・茨城県 　　　　栃木県及び群馬県の各一部（現行アナログ放送と同規模） 　　　　約1400万世帯（注2）	
設置場所	送信所	東京都港区芝公園4-2-8
	演奏所	東京都渋谷区神南2-2-1
指定事項	呼出符号	JOAB-DTV
	呼出名称	NHKとうきょうきょういくデジタルテレビジョン
	工事落成期限	平成15年11月末日
	電波の型式・周波数	X7W　551.142857MHz（26ch）
	空中線電力	10kW / 700W（＊）/ 15.5W（＊） （＊）アナログ周波数変更対策等の進捗に合わせ、段階的に増力する過程における指定電力。
	運用許容時間	常時
条　件	放送番組の編集及び放送に当たっては，申請書記載のとおり，教育番組75％以上，教養番組15％以上を確保すること。	

注1　2004年末を目途とした放送区域。
注2　2005年末を目途とした放送区域。

日本テレビ　予備免許の内容

申請者		日本テレビ放送網株式会社　代表取締役　CEO・会長　氏家斉一郎
放送事項		報道・教育・教養・娯楽・広告・その他
放送区域及び放送区域内世帯数		15.5W　港区・千代田区・中央区などの各一部 　　　　約12万世帯 700W　東京都・千葉県・埼玉県・茨城県及び神奈川県の各一部 　　　　約640万世帯（注1） 10kW　東京都・千葉県・埼玉県及び神奈川県のほぼ全域・茨城県 　　　　栃木県及び群馬県の各一部（現行アナログ放送と同規模） 　　　　約1400万世帯（注2）
設置場所	送信所	東京都港区芝公園4-2-8
	演奏所	東京都港区東新橋1-6-1
指定事項	呼出符号	JOAX-DTV
	呼出名称	にほんテレビデジタルテレビジョン
	工事落成期限	平成15年11月末日
	電波の型式・周波数	X7W　545.142857MHz（25ch）
	空中線電力	10kW / 700W（＊）/ 15.5W（＊） （＊）アナログ周波数変更対策等の進捗に合わせ、段階的に増力する過程における指定電力。
	運用許容時間	常時
条　件		放送番組の編集及び放送に当たっては，申請書記載のとおり，教育番組10％以上，教養番組20％以上を確保すること。

注1　2004年末を目途とした放送区域。
注2　2005年末を目途とした放送区域。

TBS　予備免許の内容

申請者		株式会社東京放送　代表取締役社長　井上　弘
放送事項		報道・教育・教養・娯楽・広告・その他
放送区域及び放送区域内世帯数		15.5W　港区・千代田区・中央区などの各一部 　　　　約12万世帯 700W　東京都・千葉県・埼玉県・茨城県及び神奈川県の各一部 　　　約640万世帯（注1） 10kW　東京都・千葉県・埼玉県及び神奈川県のほぼ全域・茨城県 　　　栃木県及び群馬県の各一部（現行アナログ放送と同規模） 　　　約1400万世帯（注2）
設置場所	送信所	東京都港区芝公園4-2-8
	演奏所	東京都港区赤坂5-3-6
指定事項	呼出符号	JORX-DTV
	呼出名称	TBSデジタルテレビジョン
	工事落成期限	平成15年11月末日
	電波の型式・周波数	X7W　527.142857MHz（22ch）
	空中線電力	10kW／700W（＊）／15.5W（＊） （＊）アナログ周波数変更対策等の進捗に合わせ、段階的に増力する過程における指定電力。
	運用許容時間	常時
条　件		放送番組の編集及び放送に当たっては，申請書記載のとおり，教育番組10％以上，教養番組20％以上を確保すること。

注1　2004年末を目途とした放送区域。
注2　2005年末を目途とした放送区域。

フジテレビ　予備免許の内容

申請者		株式会社フジテレビジョン　代表取締役社長　村上　光一
放送事項		報道・教育・教養・娯楽・広告・その他
放送区域及び放送区域内世帯数		15.5W　港区・千代田区・中央区などの各一部 　　　　約12万世帯 700W　東京都・千葉県・埼玉県・茨城県及び神奈川県の各一部 　　　　約640万世帯（注1） 10kW　東京都・千葉県・埼玉県及び神奈川県のほぼ全域・茨城県 　　　　栃木県及び群馬県の各一部（現行アナログ放送と同規模） 　　　　約1400万世帯（注2）
設置場所	送信所	東京都港区芝公園4-2-8
	演奏所	東京都港区台場2-4-8
指定事項	呼出符号	JOCX-DTV
	呼出名称	フジデジタルテレビジョン
	工事落成期限	平成15年11月末日
	電波の型式・周波数	X7W　521.142857MHz（21ch）
	空中線電力	10kW / 700W（＊）/ 15.5W（＊） （＊）アナログ周波数変更対策等の進捗に合わせ、段階的に増力する過程における指定電力。
	運用許容時間	常時
条　件		放送番組の編集及び放送に当たっては，申請書記載のとおり，教育番組10％以上，教養番組20％以上を確保すること。

注1　2004年末を目途とした放送区域。
注2　2005年末を目途とした放送区域。

3大広域圏のデジタル放送局予備免許

テレビ朝日　予備免許の内容

申請者		全国朝日放送株式会社　代表取締役社長　広瀬　道貞
放送事項		報道・教育・教養・娯楽・広告・その他
放送区域及び放送区域内世帯数		15.5W　港区・千代田区・中央区などの各一部 　　　　約12万世帯 700W　東京都・千葉県・埼玉県・茨城県及び神奈川県の各一部 　　　　約640万世帯（注1） 10kW　東京都・千葉県・埼玉県及び神奈川県のほぼ全域・茨城県 　　　　栃木県及び群馬県の各一部（現行アナログ放送と同規模） 　　　　約1400万世帯（注2）
設置場所	送信所	東京都港区芝公園4-2-8
	演奏所	東京都港区六本木6-9-1
指定事項	呼出符号	JOEX-DTV
	呼出名称	テレビあさひデジタルテレビジョン
	工事落成期限	平成15年11月末日
	電波の型式・周波数	X7W　539.142857MHz（24ch）
	空中線電力	10kW／700W（＊）／15.5W（＊） （＊）アナログ周波数変更対策等の進捗に合わせ、段階的に増力する過程における指定電力。
	運用許容時間	常時
条　件		放送番組の編集及び放送に当たっては，申請書記載のとおり，教育番組10％以上，教養番組20％以上を確保すること。

注1　2004年末を目途とした放送区域。
注2　2005年末を目途とした放送区域。

テレビ東京　予備免許の内容

申請者		株式会社テレビ東京　代表取締役社長　菅谷　定彦
放送事項		報道・教育・教養・娯楽・広告・その他
放送区域及び放送区域内世帯数		15.5W　港区・千代田区・中央区などの各一部 　　　　約12万世帯 700W　東京都・千葉県・埼玉県・茨城県及び神奈川県の各一部 　　　　約640万世帯（注1） 10kW　東京都・千葉県・埼玉県及び神奈川県のほぼ全域・茨城県栃木県及び群馬県の各一部（現行アナログ放送と同規模） 　　　　約1400万世帯（注2）
設置場所	送信所	東京都港区芝公園4-2-8
	演奏所	東京都港区虎ノ門4-3-12
指定事項	呼出符号	JOTX-DTV
	呼出名称	テレビとうきょうデジタルテレビジョン
	工事落成期限	平成15年11月末日
	電波の型式・周波数	X7W　533.142857MHz（23ch）
	空中線電力	10kW／700W（＊）／15.5W（＊） （＊）アナログ周波数変更対策等の進捗に合わせ、段階的に増力する過程における指定電力。
	運用許容時間	常時
条　件		放送番組の編集及び放送に当たっては、申請書記載のとおり、教育番組10％以上，教養番組20％以上を確保すること。

注1　2004年末を目途とした放送区域。
注2　2005年末を目途とした放送区域。

MXテレビ　予備免許の内容

申請者		東京メトロポリタンテレビジョン株式会社　取締役社長　後藤　亘
放送事項		報道・教育・教養・娯楽・広告・その他
放送区域及び放送区域内世帯数		15.5W　港区・千代田区・中央区などの各一部 　　　　約12万世帯 700W　東京都・千葉県・埼玉県及び神奈川県の各一部 　　　　約470万世帯（注1） 3kW　東京都全域・千葉県・埼玉県及び神奈川県の各一部 　　　（現行アナログ放送と同規模） 　　　約690万世帯（注2）
設置場所	送信所	東京都港区芝公園4-2-8
	演奏所	東京都港区青海2-38
指定事項	呼出符号	JOMX-DTV
	呼出名称	とうきょうメトロポリタンテレビジョンデジタルテレビジョン
	工事落成期限	平成15年11月末日
	電波の型式・周波数	X7W　515.142857MHz（20ch）
	空中線電力	10kW／700W（＊）／15.5W（＊） （＊）アナログ周波数変更対策等の進捗に合わせ、段階的に増力する過程における指定電力。
	運用許容時間	常時
条　　件		放送番組の編集及び放送に当たっては，申請書記載のとおり，教育番組10％以上，教養番組20％以上を確保すること。

注1　2004年末を目途とした放送区域。
注2　2005年末を目途とした放送区域。

NHK総合（名古屋） 予備免許の内容

申請者	日本放送協会（総合）　会長　海老沢　勝二 代理人　名古屋放送局長　川上　淳	
放送事項	報道・教育・教養・娯楽	
放送区域及び放送区域内世帯数	30W　名古屋市の全域・岐阜県・愛知県（名古屋市を除く）及び三重県の各一部 　　約230万世帯（注） 3kW　愛知県のほぼ全域・岐阜県・三重県の各一部 　　約310万世帯（注）	
設置場所	送信所	愛知県瀬戸市幡中町211-2
	演奏所	愛知県名古屋市東区東桜1-13-3
指定事項	呼出符号	JOCK-DTV
	呼出名称	NHKなごやデジタルテレビジョン
	工事落成期限	平成15年11月末日
	電波の型式・周波数	X7W　515.142857MHz（20ch）
	空中線電力	3kW / 30W（*） （*）アナログ周波数変更対策等の進捗に合わせ、段階的に増力する過程における指定電力。
	運用許容時間	常時
条件	放送番組の編集及び放送に当たっては，申請書記載のとおり，教育番組10％以上，教養番組20％以上を確保すること。	

注　2004年末を目途とした放送区域

CBC　予備免許の内容

申請者		中部日本放送株式会社
		代表取締役社長　横山　健一
放送事項		報道・教育・教養・娯楽・広告・その他
放送区域及び放送区域内世帯数		30W　名古屋市の全域・岐阜県・愛知県（名古屋市を除く）及び三重県の各一部
		約240万世帯（注）
		3kW　愛知県のほぼ全域・岐阜県・三重県の各一部
		約290万世帯（注）
設置場所	送信所	愛知県瀬戸市幡中町211-2
	演奏所	愛知県名古屋市中区新栄1-2-8
指定事項	呼出符号	JOAR-DTV
	呼出名称	CBCデジタルテレビジョン
	工事落成期限	平成15年11月末日
	電波の型式・周波数	X7W　503.142857MHz（18ch）
	空中線電力	3kW / 30W（*）
		（*）アナログ周波数変更対策等の進捗に合わせ、段階的に増力する過程における指定電力。
	運用許容時間	常時
条　件		放送番組の編集及び放送に当たっては，申請書記載のとおり，教育番組10%以上，教養番組20%以上を確保すること。

注　2004年末を目途とした放送区域

東海テレビ 予備免許の内容

申請者	東海テレビ放送株式会社 代表取締役社長 石黒 大山	
放送事項	報道・教育・教養・娯楽・広告・その他	
放送区域及び放送区域内世帯数	30W 名古屋市の全域・岐阜県・愛知県（名古屋市を除く）及び三重県の各一部 約240万世帯（注）	
	3kW 愛知県のほぼ全域・岐阜県・三重県の各一部 約290万世帯（注）	
設置場所	送信所	愛知県瀬戸市幡中町211-2
	演奏所	愛知県名古屋市東区東桜1-14-27
指定事項	呼出符号	JOFX-DTV
	呼出名称	とうかいてれびほうそうデジタルテレビジョン
	工事落成期限	平成15年11月末日
	電波の型式・周波数	X7W 521.142857MHz（21ch）
	空中線電力	3kW / 30W（＊） （＊）アナログ周波数変更対策等の進捗に合わせ、段階的に増力する過程における指定電力。
	運用許容時間	常時
条　件	放送番組の編集及び放送に当たっては，申請書記載のとおり，教育番組10％以上，教養番組20％以上を確保すること。	

注　2004年末を目途とした放送区域

名古屋テレビ 予備免許の内容

申請者		名古屋テレビ放送株式会社 代表取締役社長 桑島 久男
放送事項		報道・教育・教養・娯楽・広告・その他
放送区域及び放送区域内世帯数		30W 名古屋市の全域・岐阜県・愛知県（名古屋市を除く）及び三重県の各一部 約240万世帯（注） 3kW 愛知県のほぼ全域・岐阜県・三重県の各一部 約290万世帯（注）
設置場所	送信所	愛知県瀬戸市幡中町211-2
	演奏所	愛知県名古屋市中区橘2-10-1
指定事項	呼出符号	JOLX-DTV
	呼出名称	なごやテレビデジタルテレビジョン
	工事落成期限	平成15年11月末日
	電波の型式・周波数	X7W 527.142857MHz（22ch）
	空中線電力	3kW / 30W（＊） ＊）アナログ周波数変更対策等の進捗に合わせ、段階的に増力する過程における指定電力。
	運用許容時間	常時
条　件		放送番組の編集及び放送に当たっては、申請書記載のとおり、教育番組10%以上、教養番組20%以上を確保すること。

注　2004年末を目途とした放送区域

中京テレビ　予備免許の内容

申請者	中京テレビ放送株式会社	
	代表取締役社長　岩本　行正	
放送事項	報道・教育・教養・娯楽・広告・その他	
放送区域及び放送区域内世帯数	30W　名古屋市の全域・岐阜県・愛知県（名古屋市を除く）及び三重県の各一部	
	約240万世帯（注）	
	3kW　愛知県のほぼ全域・岐阜県・三重県の各一部	
	約290万世帯（注）	
設置場所	送信所	愛知県瀬戸市幡中町211-2
	演奏所	愛知県名古屋市昭和区高峯町154
指定事項	呼出符号	JOCH-DTV
	呼出名称	ちゅうきょうテレビデジタルテレビジョン
	工事落成期限	平成15年11月末日
	電波の型式・周波数	X7W　509.142857MHz（19ch）
	空中線電力	3kW／30W（＊）
		（＊）アナログ周波数変更対策等の進捗に合わせ、段階的に増力する過程における指定電力。
	運用許容時間	常時
条　件	放送番組の編集及び放送に当たっては，申請書記載のとおり，教育番組10％以上，教養番組20％以上を確保すること。	

注　2004年末を目途とした放送区域

テレビ愛知　予備免許の内容

申請者		テレビ愛知放送株式会社 代表取締役社長　梶田　進
放送事項		報道・教育・教養・娯楽・広告・その他
放送区域及び放送区域内世帯数		30W　名古屋市の全域・岐阜県・愛知県（名古屋市を除く）及び三重県の各一部 　　　約160万世帯（注） 1kW　愛知県のほぼ全域・岐阜県・三重県の各一部 　　　約230万世帯（注）
設置場所	送信所	愛知県瀬戸市幡中町211-2
	演奏所	愛知県名古屋市中区大須2-4-8
指定事項	呼出符号	JOCI-DTV
	呼出名称	テレビあいちデジタルテレビジョン
	工事落成期限	平成15年11月末日
	電波の型式・周波数	X7W　533.142857MHz（23ch）
	空中線電力	1kW / 30W（＊） （＊）アナログ周波数変更対策等の進捗に合わせ、段階的に増力する過程における指定電力。
	運用許容時間	常時
条　件		放送番組の編集及び放送に当たっては、申請書記載のとおり、教育番組10%以上、教養番組20%以上を確保すること。

注　2004年末を目途とした放送区域

NHK総合（大阪）　予備免許の内容

申請者	日本放送協会（総合）　会長　海老沢　勝二 代理人　大阪放送局長　外島　正司	
放送事項	報道・教育・教養・娯楽	
放送区域及び放送区域内世帯数	10W　大阪市のほぼ全域・京都府・大阪府（大阪市を除く）及び奈良県の各一部 　　　約280万世帯 100W　大阪府のほぼ全域・京都府・兵庫県及び奈良県の各一部 　　　約460万世帯（注1） 3kW　大阪府・奈良県のほぼ全域・京都府及び兵庫県の各一部 　　　（現行アナログ放送と同規模）約570万世帯（注2）	
設置場所	送信所	大阪府東大阪市山手町2029-5
	演奏所	大阪府大阪市中央区大手前4-1-20
指定事項	呼出符号	JOBK-DTV
	呼出名称	NHKおおさかデジタルテレビジョン
	工事落成期限	平成15年11月末日
	電波の型式・周波数	X7W　539.142857MHz（24ch）
	空中線電力	3kW／100W（＊）／10W（＊） （＊）アナログ周波数変更対策等の進捗に合わせ、段階的に増力する過程における指定電力。
	運用許容時間	常時
条　件	放送番組の編集及び放送に当たっては、申請書記載のとおり、教育番組10％以上、教養番組20％以上を確保すること。	

注1　2004年末を目途とした放送区域
注2　2005年末を目途とした放送区域

讀賣テレビ 予備免許の内容

申請者	讀賣テレビ放送株式会社 代表取締役社長　泉　巖夫	
放送事項	報道・教育・教養・娯楽・広告・その他	
放送区域及び放送区域内世帯数	10W　大阪市のほぼ全域・京都府・大阪府（大阪市を除く）及び奈良県の各一部 　　　約280万世帯 100W　大阪府のほぼ全域・京都府・兵庫県及び奈良県の各一部 　　　約540万世帯（注1） 3kW　大阪府・奈良県のほぼ全域・京都府及び兵庫県の各一部 　　　（現行アナログ放送と同規模）約580万世帯（注2）	
設置場所	送信所	奈良県生駒市鬼取町662-1
	演奏所	大阪府大阪市中央区城見2-2-33
指定事項	呼出符号	JOIX-DTV
	呼出名称	よみうりデジタルテレビジョン
	工事落成期限	平成15年11月末日
	電波の型式・周波数	X7W　479.142857MHz（14ch）
	空中線電力	3kW／100W（*）／10W（*） （*）アナログ周波数変更対策等の進捗に合わせ、段階的に増力する過程における指定電力。
	運用許容時間	常時
条　件	放送番組の編集及び放送に当たっては，申請書記載のとおり，教育番組10％以上，教養番組20％以上を確保すること。	

注1　2004年末を目途とした放送区域
注2　2005年末を目途とした放送区域

朝日放送　予備免許の内容

申請者	朝日放送株式会社　代表取締役社長　西村　壽郎	
放送事項	報道・教育・教養・娯楽・広告・その他	
放送区域及び放送区域内世帯数	10W　大阪市のほぼ全域・京都府・大阪府（大阪市を除く）及び奈良県の各一部 　　　約280万世帯 100W　大阪府のほぼ全域・京都府・兵庫県及び奈良県の各一部 　　　約540万世帯（注1） 3kW　大阪府・奈良県のほぼ全域・京都府及び兵庫県の各一部 　　　（現行アナログ放送と同規模）約580万世帯（注2）	
設置場所	送信所	奈良県生駒市鬼取町662-1
	演奏所	大阪府大阪市北区大淀南2-2-48
指定事項	呼出符号	JONR-DTV
	呼出名称	あさひほうそうデジタルテレビジョン
	工事落成期限	平成15年11月末日
	電波の型式・周波数	X7W　485.142857MHz（15ch）
	空中線電力	3kW / 100W（*）/ 10W（*） （*）アナログ周波数変更対策等の進捗に合わせ、段階的に増力する過程における指定電力。
	運用許容時間	常時
条　件	放送番組の編集及び放送に当たっては，申請書記載のとおり，教育番組10%以上，教養番組20%以上を確保すること。	

注1　2004年末を目途とした放送区域
注2　2005年末を目途とした放送区域

毎日放送　予備免許の内容

申請者	株式会社毎日放送　代表取締役社長　山本　雅弘	
放送事項	報道・教育・教養・娯楽・広告・その他	
放送区域及び放送区域内世帯数	10W　大阪市のほぼ全域・京都府・大阪府（大阪市を除く）及び奈良県の各一部 　　　約280万世帯 100W　大阪府のほぼ全域・京都府・兵庫県及び奈良県の各一部 　　　約540万世帯（注1） 3kW　大阪府・奈良県のほぼ全域・京都府及び兵庫県の各一部 　　　（現行アナログ放送と同規模）約580万世帯（注2）	
設置場所	送信所	奈良県生駒市鬼取町662-1
	演奏所	大阪府大阪市北区茶屋町17-1
指定事項	呼出符号	JOOR-DTV
	呼出名称	まいにちほうそうデジタルテレビジョン
	工事落成期限	平成15年11月末日
	電波の型式・周波数	X7W　491.142857MHz（16ch）
	空中線電力	3kW／100W（*）／10W（*） （*）アナログ周波数変更対策等の進捗に合わせ、段階的に増力する過程における指定電力。
	運用許容時間	常時
条　件	放送番組の編集及び放送に当たっては，申請書記載のとおり，教育番組10％以上，教養番組20％以上を確保すること。	

注1　2004年末を目途とした放送区域
注2　2005年末を目途とした放送区域

関西テレビ　予備免許の内容

申請者		関西テレビ放送株式会社 代表取締役社長　出馬　迪男
放送事項		報道・教育・教養・娯楽・広告・その他
放送区域及び放送区域内世帯数		10W　大阪市のほぼ全域・京都府・大阪府（大阪市を除く）及び奈良県の各一部 　　　約280万世帯 100W　大阪府のほぼ全域・京都府・兵庫県及び奈良県の各一部 　　　約540万世帯（注1） 3kW　大阪府・奈良県のほぼ全域・京都府及び兵庫県の各一部 　　　（現行アナログ放送と同規模）約580万世帯（注2）
設置場所	送信所	大阪府東大阪市山手町2027-5
	演奏所	大阪府大阪市北区扇町2-1-7
指定事項	呼出符号	JODX-DTV
	呼出名称	かんさいテレビデジタルテレビジョン
	工事落成期限	平成15年11月末日
	電波の型式・周波数	X7W　497.142857MHz（17ch）
	空中線電力	3kW / 100W（＊）/ 10W（＊） （＊）アナログ周波数変更対策等の進捗に合わせ、段階的に増力する過程における指定電力。
	運用許容時間	常時
条　件		放送番組の編集及び放送に当たっては、申請書記載のとおり、教育番組10％以上、教養番組20％以上を確保すること。

注1　2004年末を目途とした放送区域
注2　2005年末を目途とした放送区域

テレビ大阪　予備免許の内容

申請者		テレビ大阪株式会社 代表取締役社長　鞍田　暹
放送事項		報道・教育・教養・娯楽・広告・その他
放送区域及び 放送区域内世帯数		10W　大阪市のほぼ全域及び大阪府（大阪市を除く）の一部 　　　約170万世帯 100W　大阪府のほぼ全域及び兵庫県の一部 　　　約300万世帯（注1） 1kW　大阪府のほぼ全域・京都府、兵庫県及び奈良県の各一部 　　　（現行アナログ放送と同規模）約380万世帯（注2）
設置場所	送信所	大阪府東大阪市山手町2031-4
	演奏所	大阪府大阪市中央区大手前1-2-18
指定事項	呼出符号	JOBH-DTV
	呼出名称	TVOおおさかデジタルテレビジョン
	工事落成期限	平成15年11月末日
	電波の型式・周波数	X7W　503.142857MHz（18ch）
	空中線電力	1kW／100W（＊）／10W（＊） （＊）アナログ周波数変更対策等の進捗に合わせ、段階的に増力する過程における指定電力。
	運用許容時間	常時
条　件		放送番組の編集及び放送に当たっては、申請書記載のとおり、教育番組10％以上、教養番組20％以上を確保すること。

注1　2004年末を目途とした放送区域
注2　2005年末を目途とした放送区域

関東・中京・近畿広域圏の地上デジタル放送チャンネル表

東京都　UHFデジタル（アナログ）チャンネル

東京都

放送局名	NHK教育	NHK総合	日本テレビ	TBS	フジテレビ	テレビ朝日	テレビ東京	MXテレビ
アナログch	3	1	4	6	8	10	12	14
デジタルch	26	27	25	22	21	24	23	20

放送局名	放送大学
アナログch	16
デジタルch	28

放送局名	放送大学
SFN	28
MFN	

東京

放送局名	NHK教育	NHK総合	日本テレビ	TBS	フジテレビ	テレビ朝日	テレビ東京	MXテレビ
SFN	26	27	25	22	21	24	23	
MFN								

東京

放送局名	NHK教育	NHK総合	日本テレビ	TBS	フジテレビ	テレビ朝日	テレビ東京	MXテレビ
SFN								20
MFN								

新島

放送局名	NHK教育	NHK総合	日本テレビ	TBS	フジテレビ	テレビ朝日	テレビ東京	MXテレビ
SFN	26	27	25	22	21	24	23	
MFN								

八丈

放送局名	NHK教育	NHK総合	日本テレビ	TBS	フジテレビ	テレビ朝日	テレビ東京	MXテレビ
SFN	26	27	25	22	21	24	23	
MFN								

多摩

放送局名	NHK教育	NHK総合	日本テレビ	TBS	フジテレビ	テレビ朝日	テレビ東京	MXテレビ
SFN	26	27	25	22	21	24	23	
MFN								

多摩

放送局名	NHK教育	NHK総合	日本テレビ	TBS	フジテレビ	テレビ朝日	テレビ東京	MXテレビ
SFN								20
MFN								

関東広域圏・東京都　UHFデジタル・チャンネル

大島

放送局名	NHK教育	NHK総合	日本テレビ	ＴＢＳ	フジテレビ	テレビ朝日	テレビ東京	MXテレビ
ＳＦＮ	26	27	25	22	21	24	23	
ＭＦＮ								30

放送局名	放送大学
ＳＦＮ	28
ＭＦＮ	

八王子

放送局名	NHK教育	NHK総合	日本テレビ	ＴＢＳ	フジテレビ	テレビ朝日	テレビ東京	MXテレビ
ＳＦＮ								20
ＭＦＮ								

青梅

放送局名	NHK教育	NHK総合	日本テレビ	ＴＢＳ	フジテレビ	テレビ朝日	テレビ東京	MXテレビ
ＳＦＮ								20
ＭＦＮ								

神奈川県　UHFデジタル（アナログ）チャンネル

神奈川県

放送局名	NHK教育	NHK総合	日本テレビ	TBS	フジテレビ	テレビ朝日	テレビ東京	テレビ神奈川
アナログch								42
デジタルch	26	27	25	22	21	24	23	18

横浜

放送局名	NHK教育	NHK総合	日本テレビ	TBS	フジテレビ	テレビ朝日	テレビ東京	テレビ神奈川
SFN								18
MFN								

平塚

放送局名	NHK教育	NHK総合	日本テレビ	TBS	フジテレビ	テレビ朝日	テレビ東京	テレビ神奈川
SFN	26	27	25	22	21	24	23	18
MFN								

小田原

放送局名	NHK教育	NHK総合	日本テレビ	TBS	フジテレビ	テレビ朝日	テレビ東京	テレビ神奈川
SFN	26	27	25	22	21	24	23	18
MFN								

横浜みなと

放送局名	NHK教育	NHK総合	日本テレビ	TBS	フジテレビ	テレビ朝日	テレビ東京	テレビ神奈川
SFN	26	27	25	22	21	24	23	18
MFN								

313ページから続く

下総光（千葉県）

放送局名	NHK教育	NHK総合	日本テレビ	TBS	フジテレビ	テレビ朝日	テレビ東京	千葉テレビ
SFN	26	27	25	22	21	24	23	30
MFN								

大多喜

放送局名	NHK教育	NHK総合	日本テレビ	TBS	フジテレビ	テレビ朝日	テレビ東京	千葉テレビ
SFN	26	27	25	22	21	24	23	
MFN								29

君津

放送局名	NHK教育	NHK総合	日本テレビ	TBS	フジテレビ	テレビ朝日	テレビ東京	千葉テレビ
SFN	26	27	25	22	21	24	23	30
MFN								

千葉県　UHFデジタル（アナログ）チャンネル

千葉県

放送局名	NHK教育	NHK総合	日本テレビ	TBS	フジテレビ	テレビ朝日	テレビ東京	千葉テレビ
アナログch								46
デジタルch	26	27	25	22	21	24	23	30

千葉

放送局名	NHK教育	NHK総合	日本テレビ	TBS	フジテレビ	テレビ朝日	テレビ東京	千葉テレビ
SFN								30
MFN								

銚子

放送局名	NHK教育	NHK総合	日本テレビ	TBS	フジテレビ	テレビ朝日	テレビ東京	千葉テレビ
SFN	26	27	25	22	21	24	23	30
MFN								

勝浦

放送局名	NHK教育	NHK総合	日本テレビ	TBS	フジテレビ	テレビ朝日	テレビ東京	千葉テレビ
SFN	26	27	25	22	21	24	23	30
MFN								

小見川

放送局名	NHK教育	NHK総合	日本テレビ	TBS	フジテレビ	テレビ朝日	テレビ東京	千葉テレビ
SFN	26	27	25	22	21	24	23	30
MFN								

館山

放送局名	NHK教育	NHK総合	日本テレビ	TBS	フジテレビ	テレビ朝日	テレビ東京	千葉テレビ
SFN	26	27	25	22	21	24	23	30
MFN								

東金

放送局名	NHK教育	NHK総合	日本テレビ	TBS	フジテレビ	テレビ朝日	テレビ東京	千葉テレビ
SFN	26	27	25	22	21	24	23	
MFN								29

佐原

312ページへ続く

放送局名	NHK教育	NHK総合	日本テレビ	TBS	フジテレビ	テレビ朝日	テレビ東京	千葉テレビ
SFN	26	27	25	22	21	24	23	30
MFN								

埼玉県　UHFデジタル（アナログ）チャンネル

埼玉県

放送局名	NHK教育	NHK総合	日本テレビ	TBS	フジテレビ	テレビ朝日	テレビ東京	テレビ埼玉
アナログch								38
デジタルch	26	27	25	22	21	24	23	32

浦和

放送局名	NHK教育	NHK総合	日本テレビ	TBS	フジテレビ	テレビ朝日	テレビ東京	テレビ埼玉
SFN								32
MFN								

児玉

放送局名	NHK教育	NHK総合	日本テレビ	TBS	フジテレビ	テレビ朝日	テレビ東京	テレビ埼玉
SFN	26	27	25	22	21	24	23	
MFN								

児玉

放送局名	NHK教育	NHK総合	日本テレビ	TBS	フジテレビ	テレビ朝日	テレビ東京	テレビ埼玉
SFN								32
MFN								

秩父

放送局名	NHK教育	NHK総合	日本テレビ	TBS	フジテレビ	テレビ朝日	テレビ東京	テレビ埼玉
SFN	26	27	25	22	21	24	23	32
MFN								

関東広域圏・埼玉県／群馬県　UHFデジタル・チャンネル

群馬県　UHFデジタル（アナログ）チャンネル

群馬県

放送局名	NHK教育	NHK総合	日本テレビ	TBS	フジテレビ	テレビ朝日	テレビ東京	群馬テレビ
アナログch								48
デジタルch	26	27	25	22	21	24	23	19

放送局名	放送大学
アナログch	40
デジタルch	28

放送局名	放送大学
SFN	28
MFN	

前橋

放送局名	NHK教育	NHK総合	日本テレビ	TBS	フジテレビ	テレビ朝日	テレビ東京	群馬テレビ
SFN								
MFN	39	37	33	36	42	43	45	

沼田

放送局名	NHK教育	NHK総合	日本テレビ	TBS	フジテレビ	テレビ朝日	テレビ東京	群馬テレビ
SFN	26	27	25	22	21	24	23	19
MFN								

下仁田

放送局名	NHK教育	NHK総合	日本テレビ	TBS	フジテレビ	テレビ朝日	テレビ東京	群馬テレビ
SFN	26	27	25	22	21	24	23	19
MFN								

桐生

放送局名	NHK教育	NHK総合	日本テレビ	TBS	フジテレビ	テレビ朝日	テレビ東京	群馬テレビ
SFN	26	27	25	22	21	24	23	19
MFN								

太田

放送局名	NHK教育	NHK総合	日本テレビ	TBS	フジテレビ	テレビ朝日	テレビ東京	群馬テレビ
SFN								
MFN								34

太田金山

放送局名	NHK教育	NHK総合	日本テレビ	TBS	フジテレビ	テレビ朝日	テレビ東京	群馬テレビ
SFN								19
MFN								

栃木県　UHFデジタル（アナログ）チャンネル

栃木県

放送局名	NHK教育	NHK総合	日本テレビ	TBS	フジテレビ	テレビ朝日	テレビ東京	とちぎテレビ
アナログch								31
デジタルch	26	27	25	22	21	24	23	29

宇都宮

放送局名	NHK教育	NHK総合	日本テレビ	TBS	フジテレビ	テレビ朝日	テレビ東京	とちぎテレビ
SFN								29
MFN	39	47	34	15	35	17	18	

今市

放送局名	NHK教育	NHK総合	日本テレビ	TBS	フジテレビ	テレビ朝日	テレビ東京	とちぎテレビ
SFN	26	27	25	22	21	24	23	29
MFN								

矢板

放送局名	NHK教育	NHK総合	日本テレビ	TBS	フジテレビ	テレビ朝日	テレビ東京	とちぎテレビ
SFN								29
MFN	39	47	34	15	35	17	18	

足利

放送局名	NHK教育	NHK総合	日本テレビ	TBS	フジテレビ	テレビ朝日	テレビ東京	とちぎテレビ
SFN	26	27	25	22	21	24	23	29
MFN								

葛生

放送局名	NHK教育	NHK総合	日本テレビ	TBS	フジテレビ	テレビ朝日	テレビ東京	とちぎテレビ
SFN								29
MFN								

関東広域圏・栃木県／茨城県　UHFデジタル・チャンネル

茨城県　UHFデジタル（アナログ）チャンネル

茨城県

放送局名	NHK教育	NHK総合	日本テレビ	TBS	フジテレビ	テレビ朝日	テレビ東京	県民放送
アナログch								34
デジタルch	26	27	25	22	21	24	23	

水戸

放送局名	NHK教育	NHK総合	日本テレビ	TBS	フジテレビ	テレビ朝日	テレビ東京	県民放送
SFN								
MFN	13	20	14	15	19	17	18	

日立

放送局名	NHK教育	NHK総合	日本テレビ	TBS	フジテレビ	テレビ朝日	テレビ東京	県民放送
SFN								
MFN	13	20	14	15	19	17	18	

十王

放送局名	NHK教育	NHK総合	日本テレビ	TBS	フジテレビ	テレビ朝日	テレビ東京	県民放送
SFN								
MFN	39	47	38	41	35	44	46	

山方

放送局名	NHK教育	NHK総合	日本テレビ	TBS	フジテレビ	テレビ朝日	テレビ東京	県民放送
SFN	26			22	21	24	23	
MFN		20	34					

筑波

放送局名	NHK教育	NHK総合	日本テレビ	TBS	フジテレビ	テレビ朝日	テレビ東京	県民放送
SFN								
MFN		49						

常陸鹿島

放送局名	NHK教育	NHK総合	日本テレビ	TBS	フジテレビ	テレビ朝日	テレビ東京	県民放送
SFN	26	27	25	22	21	24	23	
MFN								

岐阜県　UHFデジタル（アナログ）チャンネル

岐阜県

放送局名	NHK教育	NHK総合	中部日本	東海テレビ	名古屋テレビ	中京テレビ	岐阜放送
アナログch	9	39	5	1	11	35	37
デジタルch	13	29	18	21	22	19	30

県域親

放送局名	NHK教育	NHK総合	中部日本	東海テレビ	名古屋テレビ	中京テレビ	岐阜放送
SFN		29					30
MFN							

中津川

放送局名	NHK教育	NHK総合	中部日本	東海テレビ	名古屋テレビ	中京テレビ	岐阜放送
SFN		29					
MFN	31	24	16	15	14	17	32

土岐南

放送局名	NHK教育	NHK総合	中部日本	東海テレビ	名古屋テレビ	中京テレビ	岐阜放送
SFN		29					30
MFN	31		16	15	14	17	

高山

放送局名	NHK教育	NHK総合	中部日本	東海テレビ	名古屋テレビ	中京テレビ	岐阜放送
SFN		29					30
MFN	31		16	15	14	17	

下呂

放送局名	NHK教育	NHK総合	中部日本	東海テレビ	名古屋テレビ	中京テレビ	岐阜放送
SFN		29					30
MFN	31		16	15	14	17	

郡上八幡

放送局名	NHK教育	NHK総合	中部日本	東海テレビ	名古屋テレビ	中京テレビ	岐阜放送
SFN		29					30
MFN	31		16	15	14	17	

岐阜長良

放送局名	NHK教育	NHK総合	中部日本	東海テレビ	名古屋テレビ	中京テレビ	岐阜放送
SFN		29					30
MFN	31		16	15	14	17	

中京広域圏・岐阜県　UHFデジタル・チャンネル

中濃

放送局名	NHK教育	NHK総合	中部日本	東海テレビ	名古屋テレビ	中京テレビ	岐阜放送
SFN							
MFN	31	24	16	15	14	17	32

坂下

放送局名	NHK教育	NHK総合	中部日本	東海テレビ	名古屋テレビ	中京テレビ	岐阜放送
SFN	13		18	21	22	19	
MFN		24					32

付知

放送局名	NHK教育	NHK総合	中部日本	東海テレビ	名古屋テレビ	中京テレビ	岐阜放送
SFN	13		18	21	22	19	
MFN		24					32

愛知県　UHFデジタル（アナログ）チャンネル

愛知県

放送局名	NHK教育	NHK総合	中部日本	東海テレビ	名古屋テレビ	中京テレビ	テレビ愛知
アナログch	9	3	5	1	11	35	25
デジタルch	13	20	18	21	22	19	23

名古屋広域親

放送局名	NHK教育	NHK総合	中部日本	東海テレビ	名古屋テレビ	中京テレビ	テレビ愛知
SFN	13		18	21	22	19	
MFN							

名古屋広域親

放送局名	NHK教育	NHK総合	中部日本	東海テレビ	名古屋テレビ	中京テレビ	テレビ愛知
SFN		20					23
MFN							

豊橋

放送局名	NHK教育	NHK総合	中部日本	東海テレビ	名古屋テレビ	中京テレビ	テレビ愛知
SFN							
MFN	24	29	16	15	14	17	26

田原

放送局名	NHK教育	NHK総合	中部日本	東海テレビ	名古屋テレビ	中京テレビ	テレビ愛知
SFN							
MFN	24	29	16	15	14	17	26

二川

放送局名	NHK教育	NHK総合	中部日本	東海テレビ	名古屋テレビ	中京テレビ	テレビ愛知
SFN							
MFN	24	29	16	15	14	17	26

三重県　UHFデジタル（アナログ）チャンネル

三重県

放送局名	NHK教育	NHK総合	中部日本	東海テレビ	名古屋テレビ	中京テレビ	三重テレビ
アナログch	9	31	5	1	11	35	33
デジタルch	13	28	18	21	22	19	28

津　県域親

放送局名	NHK教育	NHK総合	中部日本	東海テレビ	名古屋テレビ	中京テレビ	三重テレビ
SFN		28					27
MFN							

津S

放送局名	NHK教育	NHK総合	中部日本	東海テレビ	名古屋テレビ	中京テレビ	三重テレビ
SFN							
MFN	44						

伊勢

放送局名	NHK教育	NHK総合	中部日本	東海テレビ	名古屋テレビ	中京テレビ	三重テレビ
SFN	13						
MFN		29	16	15	14	17	24

尾鷲

放送局名	NHK教育	NHK総合	中部日本	東海テレビ	名古屋テレビ	中京テレビ	三重テレビ
SFN	13						
MFN		32	16	15	14	17	31

熊野

放送局名	NHK教育	NHK総合	中部日本	東海テレビ	名古屋テレビ	中京テレビ	三重テレビ
SFN			18	21	·22	19	
MFN	33	29					31

伊賀

放送局名	NHK教育	NHK総合	中部日本	東海テレビ	名古屋テレビ	中京テレビ	三重テレビ
SFN			18	21		19	27
MFN	33	47			48		

名張

放送局名	NHK教育	NHK総合	中部日本	東海テレビ	名古屋テレビ	中京テレビ	三重テレビ
SFN			18	21		19	27
MFN	33	47			37		

桑名

放送局名	NHK教育	NHK総合	中部日本	東海テレビ	名古屋テレビ	中京テレビ	三重テレビ
SFN							27
MFN		32					

鳥羽

放送局名	NHK教育	NHK総合	中部日本	東海テレビ	名古屋テレビ	中京テレビ	三重テレビ
SFN		28	18	21	22	19	27
MFN	44						

北勢

放送局名	NHK教育	NHK総合	中部日本	東海テレビ	名古屋テレビ	中京テレビ	三重テレビ
SFN			18	21	22	19	
MFN	44	32					24

磯部

放送局名	NHK教育	NHK総合	中部日本	東海テレビ	名古屋テレビ	中京テレビ	三重テレビ
SFN		28	18	21	22	19	27
MFN	30						

菰野

放送局名	NHK教育	NHK総合	中部日本	東海テレビ	名古屋テレビ	中京テレビ	三重テレビ
SFN	13						27
MFN		32					

近畿広域圏・滋賀県　UHFデジタル・チャンネル

滋賀県　UHFデジタル（アナログ）チャンネル

滋賀県

放送局名	NHK教育	NHK総合	毎日放送	朝日放送	関西テレビ	讀賣テレビ	びわこ放送
アナログch		28					30
デジタルch	13	26	16	15	17	14	20

大津

放送局名	NHK教育	NHK総合	毎日放送	朝日放送	関西テレビ	讀賣テレビ	びわこ放送
SFN		26					20
MFN							

大津S

放送局名	NHK教育	NHK総合	毎日放送	朝日放送	関西テレビ	讀賣テレビ	びわこ放送
SFN	13		16	15	17	14	
MFN							

彦根

放送局名	NHK教育	NHK総合	毎日放送	朝日放送	関西テレビ	讀賣テレビ	びわこ放送
SFN							
MFN	48	31	37	33	39	27	29

甲賀

放送局名	NHK教育	NHK総合	毎日放送	朝日放送	関西テレビ	讀賣テレビ	びわこ放送
SFN	13		16	15	17	14	
MFN		31					29

山東

放送局名	NHK教育	NHK総合	毎日放送	朝日放送	関西テレビ	讀賣テレビ	びわこ放送
SFN	13	26					20
MFN							

京都府　UHFデジタル（アナログ）チャンネル

京都府

放送局名	NHK教育	NHK総合	毎日放送	朝日放送	関西テレビ	讀賣テレビ	京都放送
アナログch		32					34
デジタルch	13	25	16	15	17	14	23

京都

放送局名	NHK教育	NHK総合	毎日放送	朝日放送	関西テレビ	讀賣テレビ	京都放送
SFN		25					23
MFN							

舞鶴

放送局名	NHK教育	NHK総合	毎日放送	朝日放送	関西テレビ	讀賣テレビ	京都放送
SFN	13	25	16	15	17	14	23
MFN							

宮津

放送局名	NHK教育	NHK総合	毎日放送	朝日放送	関西テレビ	讀賣テレビ	京都放送
SFN	13	25	16	15	17	14	23
MFN							

福知山

放送局名	NHK教育	NHK総合	毎日放送	朝日放送	関西テレビ	讀賣テレビ	京都放送
SFN	13	25	16	15	17	14	23
MFN							

峰山

放送局名	NHK教育	NHK総合	毎日放送	朝日放送	関西テレビ	讀賣テレビ	京都放送
SFN	13	25	16	15	17	14	23
MFN							

亀岡

放送局名	NHK教育	NHK総合	毎日放送	朝日放送	関西テレビ	讀賣テレビ	京都放送
SFN	13	25	16	15	17	14	23
MFN							

大阪府　UHFデジタル（アナログ）チャンネル

大阪府

放送局名	NHK教育	NHK総合	毎日放送	朝日放送	関西テレビ	讀賣テレビ	テレビ大阪
アナログch	12	2	4	6	8	10	19
デジタルch	13	24	16	15	17	14	18

大阪

放送局名	NHK教育	NHK総合	毎日放送	朝日放送	関西テレビ	讀賣テレビ	テレビ大阪
SFN	13		16	15	17	14	
MFN							

大阪

放送局名	NHK教育	NHK総合	毎日放送	朝日放送	関西テレビ	讀賣テレビ	テレビ大阪
SFN		24					18
MFN							

枚方

放送局名	NHK教育	NHK総合	毎日放送	朝日放送	関西テレビ	讀賣テレビ	テレビ大阪
SFN							
MFN							27

箕面

放送局名	NHK教育	NHK総合	毎日放送	朝日放送	関西テレビ	讀賣テレビ	テレビ大阪
SFN							
MFN							27

兵庫県　UHFデジタル（アナログ）チャンネル

兵庫県

放送局名	NHK教育	NHK総合	毎日放送	朝日放送	関西テレビ	讀賣テレビ	サンテレビ
アナログch		28					36
デジタルch	13	22	16	15	17	14	26

神戸

放送局名	NHK教育	NHK総合	毎日放送	朝日放送	関西テレビ	讀賣テレビ	サンテレビ
SFN		22					26
MFN							

神戸S

放送局名	NHK教育	NHK総合	毎日放送	朝日放送	関西テレビ	讀賣テレビ	サンテレビ
SFN	13		16	15	17	14	
MFN							

香住

放送局名	NHK教育	NHK総合	毎日放送	朝日放送	関西テレビ	讀賣テレビ	サンテレビ
SFN	13	22	16	15	17	14	26
MFN							

城崎

放送局名	NHK教育	NHK総合	毎日放送	朝日放送	関西テレビ	讀賣テレビ	サンテレビ
SFN	13	22	16	15	17	14	26
MFN							

八鹿

放送局名	NHK教育	NHK総合	毎日放送	朝日放送	関西テレビ	讀賣テレビ	サンテレビ
SFN	13	22					
MFN							

和田山

放送局名	NHK教育	NHK総合	毎日放送	朝日放送	関西テレビ	讀賣テレビ	サンテレビ
SFN	13	22	16	15	17	14	26
MFN							

三木

放送局名	NHK教育	NHK総合	毎日放送	朝日放送	関西テレビ	讀賣テレビ	サンテレビ
SFN	13	22	16	15	17	14	
MFN							

近畿広域圏・兵庫県　UHFデジタル・チャンネル

神戸兵庫

放送局名	NHK教育	NHK総合	毎日放送	朝日放送	関西テレビ	讀賣テレビ	サンテレビ
SFN	13	22	16	15	17	14	26
MFN							

北淡垂水

放送局名	NHK教育	NHK総合	毎日放送	朝日放送	関西テレビ	讀賣テレビ	サンテレビ
SFN	13	22	16	15	17	14	26
MFN							

篠山

放送局名	NHK教育	NHK総合	毎日放送	朝日放送	関西テレビ	讀賣テレビ	サンテレビ
SFN	13	22	16	15	17	14	26
MFN							

氷上

放送局名	NHK教育	NHK総合	毎日放送	朝日放送	関西テレビ	讀賣テレビ	サンテレビ
SFN	13	22	16	15	17	14	26
MFN							

西宮山口

放送局名	NHK教育	NHK総合	毎日放送	朝日放送	関西テレビ	讀賣テレビ	サンテレビ
SFN	13	22	16	15	17	14	26
MFN							

北阪神

放送局名	NHK教育	NHK総合	毎日放送	朝日放送	関西テレビ	讀賣テレビ	サンテレビ
SFN		22					26
MFN							

姫路

放送局名	NHK教育	NHK総合	毎日放送	朝日放送	関西テレビ	讀賣テレビ	サンテレビ
SFN	13	22	16	15	17	14	26
MFN							

竜野

放送局名	NHK教育	NHK総合	毎日放送	朝日放送	関西テレビ	讀賣テレビ	サンテレビ
SFN	13	22	16	15	17	14	26
MFN							

福崎

放送局名	NHK教育	NHK総合	毎日放送	朝日放送	関西テレビ	讀賣テレビ	サンテレビ
SFN	13	22	16	15	17	14	26
MFN							

神戸灘

放送局名	NHK教育	NHK総合	毎日放送	朝日放送	関西テレビ	讀賣テレビ	サンテレビ
SFN	13	22	16	15	17	14	26
MFN							

淡路三原

放送局名	NHK教育	NHK総合	毎日放送	朝日放送	関西テレビ	讀賣テレビ	サンテレビ
SFN	13	22					26
MFN							

赤穂

放送局名	NHK教育	NHK総合	毎日放送	朝日放送	関西テレビ	讀賣テレビ	サンテレビ
SFN	13	22	16	15	17	14	26
MFN							

相生

放送局名	NHK教育	NHK総合	毎日放送	朝日放送	関西テレビ	讀賣テレビ	サンテレビ
SFN	13	22	16	15	17	14	26
MFN			・				

南淡

放送局名	NHK教育	NHK総合	毎日放送	朝日放送	関西テレビ	讀賣テレビ	サンテレビ
SFN	13	22	16	15	17	14	26
MFN							

近畿広域圏・奈良県　UHFデジタル・チャンネル

奈良県　UHFデジタル（アナログ）チャンネル

奈良県

放送局名	NHK教育	NHK総合	毎日放送	朝日放送	関西テレビ	讀賣テレビ	テレビ奈良
アナログch		51					55
デジタルch	13	31	16	15	17	14	29

奈良

放送局名	NHK教育	NHK総合	毎日放送	朝日放送	関西テレビ	讀賣テレビ	テレビ奈良
SFN		31					29
MFN							

栃原

放送局名	NHK教育	NHK総合	毎日放送	朝日放送	関西テレビ	讀賣テレビ	テレビ奈良
SFN	13		16	15	17	14	22
MFN							

生駒奈良北

放送局名	NHK教育	NHK総合	毎日放送	朝日放送	関西テレビ	讀賣テレビ	テレビ奈良
SFN		31					
MFN							

和歌山県　UHFデジタル（アナログ）チャンネル

和歌山県

放送局名	NHK教育	NHK総合	毎日放送	朝日放送	関西テレビ	讀賣テレビ	和歌山テレビ
アナログch		32					30
デジタルch	13	23	16	15	17	14	20

和歌山

放送局名	NHK教育	NHK総合	毎日放送	朝日放送	関西テレビ	讀賣テレビ	和歌山テレビ
SFN		23					20
MFN							

和歌山 S

放送局名	NHK教育	NHK総合	毎日放送	朝日放送	関西テレビ	讀賣テレビ	和歌山テレビ
SFN	13		16	15	17	14	
MFN							

槇山

放送局名	NHK教育	NHK総合	毎日放送	朝日放送	関西テレビ	讀賣テレビ	和歌山テレビ
SFN	13			15	17	14	20
MFN		42	47				

御坊

放送局名	NHK教育	NHK総合	毎日放送	朝日放送	関西テレビ	讀賣テレビ	和歌山テレビ
SFN	13			15	17	14	
MFN		21	47		48		24

新宮

放送局名	NHK教育	NHK総合	毎日放送	朝日放送	関西テレビ	讀賣テレビ	和歌山テレビ
SFN	13	23	16	15	17	14	20
MFN							

田辺

放送局名	NHK教育	NHK総合	毎日放送	朝日放送	関西テレビ	讀賣テレビ	和歌山テレビ
SFN	13	23		15	17	14	
MFN			47				24

海南

放送局名	NHK教育	NHK総合	毎日放送	朝日放送	関西テレビ	讀賣テレビ	和歌山テレビ
SFN	13	23	16	15	17	14	20
MFN							

近畿広域圏・和歌山県　UHFデジタル・チャンネル

串本

放送局名	NHK教育	NHK総合	毎日放送	朝日放送	関西テレビ	讀賣テレビ	和歌山テレビ
SFN	13	23	16	15	17	14	20
MFN							

有田吉備

放送局名	NHK教育	NHK総合	毎日放送	朝日放送	関西テレビ	讀賣テレビ	和歌山テレビ
SFN	13	23	16	15	17	14	20
MFN							

九度山

放送局名	NHK教育	NHK総合	毎日放送	朝日放送	関西テレビ	讀賣テレビ	和歌山テレビ
SFN	13	23					20
MFN							

那賀

放送局名	NHK教育	NHK総合	毎日放送	朝日放送	関西テレビ	讀賣テレビ	和歌山テレビ
SFN	13	23	16	15	17	14	20
MFN							

有田簑島

放送局名	NHK教育	NHK総合	毎日放送	朝日放送	関西テレビ	讀賣テレビ	和歌山テレビ
SFN	13	23	16	15	17	14	20
MFN							

さくいん

【 数字 】
３素子2L双ループアンテナ……………………………………251
8VSB……………………………………………………………050
100Mbpsの回線…………………………………………………165
480I………………………………………………………………109
480P………………………………………………………………109
720本の映像……………………………………………………108
720P………………………………………………………………109
720P伝送実験……………………………………………………111
1080 I……………………………………………………………109
1080本のハイビジョン映像……………………………………108

【 A 】
ADSL………………………………………………………………154
ADSL回線技術……………………………………………………174
ARIB………………………………………………………………159
ARPANET…………………………………………………………224
ATSC………………………………………………………………093

【 B 】
BB…………………………………………………………………227
BML………………………………………………………………161
BML言語体系……………………………………………………020
BS…………………………………………………………………052
BS-2A……………………………………………………………116
BS-2B……………………………………………………………116
BSAT-2A…………………………………………………………105
BSアナログ放送…………………………………………………125
BSデジタル・チューナー………………………………………098
BSデジタル・フェア……………………………………………080
BS放送……………………………………………………………052
BS民放キー５社系………………………………………………130
ＢＳゆり…………………………………………………………116

さくいん

【 C 】
CATV…………………………………………………………… 050
CG画像制作……………………………………………………… 092
CM飛ばし………………………………………………………… 126
CMバンク………………………………………………………… 060
CS………………………………………………………………… 052
CS110度衛星放送……………………………………………… 125
CSデジタル放送………………………………………………… 053
CSによる衛星デジタル放送…………………………………… 127

【 D 】
DCC……………………………………………………………… 093
DFN方式………………………………………………………… 045
DIGIT…………………………………………………………… 223
DLP……………………………………………………………… 075
DVC……………………………………………………………… 085
DVD……………………………………………………………… 085
DVHS…………………………………………………………… 085
DVカメラ………………………………………………………… 145

【 E 】
E-JAPAN計画…………………………………………………… 233
EPG……………………………………………………………… 018
Eコマース………………………………………………………… 126

【 F 】
FED……………………………………………………………… 075
FTTH…………………………………………………………… 167

【 H 】
HAVI…………………………………………………………… 076
HDD……………………………………………………………… 085
HDD録画装置…………………………………………………… 085
HDTV…………………………………………………………… 020

333

HOMERF ……………………………………………………………… 144

【 I 】
ICの歩留まり ………………………………………………………… 136
IEEE1394 …………………………………………………………… 061
IEEE1394デジタル・インターフェース …………………………… 076
ILINK ………………………………………………………………… 146
IRDA ………………………………………………………………… 144
ISDN ………………………………………………………………… 174
ISDN回線 …………………………………………………………… 143
IT革命 ………………………………………………………………… 118
IT技術 ………………………………………………………………… 089
 iモード ……………………………………………………………… 083

【 J 】
JC-SAT3号 ………………………………………………………… 121
JEITA ………………………………………………………………… 059

【 L 】
LAN …………………………………………………………………… 143

【 M 】
MAC方式 …………………………………………………………… 179
MFN ………………………………………………………………… 107
MHEG ……………………………………………………………… 147
MHP ………………………………………………………………… 137
MPEG-2 …………………………………………………………… 161
MPEG-4 …………………………………………………………… 161

【 N 】
NHKアーカイブス ………………………………………………… 091
NTSC方式 ………………………………………………………… 178

【 O 】
OFDM方式 …………………………………………………… 049

【 P 】
PAL ………………………………………………………………… 178
PBS ………………………………………………………………… 089
ＰＤＡ ……………………………………………………………… 020
PSIP ………………………………………………………………… 093

【 R 】
RF振幅特性歪み除去 …………………………………… 058

【 S 】
ＳＤＴＶ …………………………………………………………… 020
SECAM方式 ……………………………………………………… 178
SFN ………………………………………………………………… 186
SFN方式 …………………………………………………………… 042
STB ………………………………………………………………… 210
S-VHS ……………………………………………………………… 144

【 T 】
TAO ………………………………………………………………… 020
TEXT放送 ………………………………………………………… 137

【 U 】
UHF帯 ……………………………………………………………… 068

【 V 】
VHF帯 ……………………………………………………………… 068
VHSテープ素材 ………………………………………………… 146

【 W 】
WOWOW …………………………………………………………… 128

335

【 X 】
XHTML……………………………………………………… 147
XML………………………………………………………… 161

【 あ 】
アーカイブ用動画検索システム……………………………… 091
アイコノスコープ………………………………………… 178
空きチャンネル…………………………………………… 189
アダプター型……………………………………………… 072
圧縮効率…………………………………………………… 109
アナ・アナ変換…………………………………………… 181
アナ・アナ変換対策費…………………………………… 015
アナ・アナ変換問題……………………………………… 100
アナログ…………………………………………………… 222
アナログ・チャンネル…………………………………… 211
アナログ・テレビ………………………………………… 034
アナログ・ハイビジョン………………………………… 081
アナログ周波数変更……………………………………… 028
アナログ放送チャンネル………………………………… 182
アミューズメント情報…………………………………… 083
アンテナ・ケーブル……………………………………… 143

【 い 】
イーピー放送……………………………………………… 235
一体型……………………………………………………… 072
一体型受信機……………………………………………… 136
移動体受信………………………………………………… 107
移動体通信………………………………………………… 056
インターネット…………………………………………… 083
インターネットのBB化…………………………………… 233
インターレース画像……………………………………… 108

【 え 】
衛星デジタル放送………………………………………… 082

さくいん

映像情報メディア……………………………………………… 119
営放システム…………………………………………………… 158
液晶……………………………………………………………… 059
液晶ディスプレイ……………………………………………… 074
エリア外受信…………………………………………………… 161

【 お 】
音声認識技術…………………………………………………… 089
音声符号化方式………………………………………………… 161

【 か 】
ガード・バンド………………………………………………… 056
カー・ナビ……………………………………………………… 161
家庭内ブースター……………………………………………… 216
壁掛け型テレビ………………………………………………… 059

【 き 】
キー局…………………………………………………………… 067
キャンセラー技術……………………………………………… 057
キャリア………………………………………………………… 055
共同受信………………………………………………………… 115
緊急情報………………………………………………………… 083

【 く 】
グラフィックス装置…………………………………………… 060
クリック………………………………………………………… 063

【 け 】
ケーブル………………………………………………………… 121
ケーブル・テレビ……………………………………………… 164
ゲーム・ソフトのダウンロード……………………………… 073

【こ】

- 高精細度プロジェクション・ディスプレイ……………………………… 075
- 高品質OFDM変調波多波増幅………………………………………………… 058
- ゴースト………………………………………………………………………… 046
- ゴースト・キャンセラー……………………………………………………… 150
- ゴースト信号…………………………………………………………………… 188
- ゴースト歪み除去……………………………………………………………… 058
- ゴースト妨害…………………………………………………………………… 056
- 小型受信機……………………………………………………………………… 159
- コミュニティ・テレビ………………………………………………………… 115
- 混信妨害調査…………………………………………………………………… 043

【さ】

- サービスID……………………………………………………………………… 026
- サービス・エリア……………………………………………………………… 189
- サイマル放送…………………………………………………………………… 151

【し】

- シーファックス………………………………………………………………… 089
- 字幕サービス…………………………………………………………………… 088
- シャノン………………………………………………………………………… 223
- 周波数利用計画………………………………………………………………… 042
- 準キー局………………………………………………………………………… 068
- シンボル長……………………………………………………………………… 055

【す】

- スカイパーフェクTV…………………………………………………………… 120
- スプートニク1号……………………………………………………………… 115

【せ】

- セット・トップ・ボックス…………………………………………………… 073
- 全国地上デジタル放送推進協議会…………………………………………… 177

さくいん

【そ】
双方向化……………………………………………… 082

【た】
タイム・シフト……………………………………… 063
タイム・シフト視聴………………………………… 085
ダウンロード………………………………………… 153
高柳健次郎…………………………………………… 177
多チャンネル放送…………………………………… 066

【ち】
地域情報……………………………………………… 083
地上デジタル放送…………………………………… 067
地上デジタル放送チューナー……………………… 034
チャンネル設定……………………………………… 034
チャンネル・プラン………………………………… 182
チャンネル・プラン原案…………………………… 042
中継局………………………………………………… 029
中継局スーパーシステム…………………………… 211
直交周波数分割多重………………………………… 055

【つ】
通信衛星……………………………………………… 246

【て】
ディスク・ベース…………………………………… 145
データ・ベース……………………………………… 090
デジタル……………………………………………… 222
デジタル化…………………………………………… 042
デジタル回線………………………………………… 143
デジタル家電………………………………………… 075
デジタル・カメラ…………………………………… 146
デジタル・ケーブル………………………………… 173
デジタル信号………………………………………… 055

デジタル・ストリーム信号………………………… 145
デジタル・デコーダ………………………………… 067
デジタル・ハイビジョン…………………………… 081
デジタル・ビデオ・ディスク……………………… 085
デジタル・ビデオカセットVTR…………………… 085
デジタル放送………………………………………… 182
デジタル放送受信用セット・トップ・ボックス… 217
デジタル放送用チャンネル………………………… 044
デジタル放送用チューナー………………………… 209
デジタル・ラジオ…………………………………… 248
テレビ・バンキング………………………………… 067
電子番組表…………………………………………… 027
電話ケーブル………………………………………… 143

【 と 】
同一周波数中継……………………………………… 107
同一周波数による中継……………………………… 187
東京タワー…………………………………………… 251
独立局………………………………………………… 196
ドッグ・イヤー……………………………………… 163
トランスポンダー…………………………………… 106

【 に 】
日本で初めてのテレビ放送………………………… 114
ニュー・メディア…………………………………… 118

【 ね 】
ネットワーク技術…………………………………… 143

【 の 】
ノンリニア字幕作成装置…………………………… 089
ノンリニア編集機…………………………………… 144

さくいん

【 は 】
バーチャル・システム……………………………………… 060
ハード・ディスク…………………………………………… 060
ハード・ディスク・ビデオ・レコーダー……………… 144
ハード・ディスク録画装置………………………………… 061
ハイビジョン………………………………………………… 179
パッケージ・メディア……………………………………… 138
パラボラ……………………………………………………… 045
番組製作用言語TVML……………………………………… 091

【 ひ 】
光ケーブル…………………………………………………… 139
光ケーブル化………………………………………………… 199
光ファイバー………………………………………………… 045
光ブロード・バンド回線…………………………………… 175
非線形歪み除去……………………………………………… 058
左旋回ビーム・アンテナ…………………………………… 217
ビデオ・オン・デマンド…………………………………… 087
標準テレビ放送方式………………………………………… 178

【 ふ 】
フィルター…………………………………………………… 212
ブースター…………………………………………………… 069
プライム・タイム…………………………………………… 131
プライム・メーカー………………………………………… 147
ブラウン管…………………………………………………… 059
プラズマ……………………………………………………… 059
プラズマ・アドレス方式…………………………………… 074
プラズマ・ディスプレイ…………………………………… 074
プラズマトロン……………………………………………… 059
フラットパネル・ディスプレイ…………………………… 074
ブルートゥース……………………………………………… 144
ブロード・バンド…………………………………………… 153
ブロード・バンド化………………………………………… 139

プログラム・ソフトのダウンロード……………………………………084
プログレッシブ……………………………………………………………019
プログレッシブ方式………………………………………………………179
プロモーション画面………………………………………………………086

【へ】
ペイ・プログラム…………………………………………………………213

【ほ】
放送ネットワーク技術……………………………………………………057
放送のデジタル化…………………………………………………………052
放送メディアの多チャンネル化…………………………………………138
ホーム・シアター…………………………………………………………173
ホーム・ネットワーク……………………………………………………076
ホーム・バンキング………………………………………………………073
ホーム・ページ……………………………………………………………083

【ま】
マウス・イヤー……………………………………………………………163
マス広告……………………………………………………………………086
マルチ・アングル放送……………………………………………………139
マルチメディア実験………………………………………………………049
マルチメディア・プラットホーム………………………………………202
回り込みキャンセラー技術………………………………………………058

【み】
右旋回ビーム・アンテナ…………………………………………………218

【む】
無線LAN……………………………………………………………………144

【も】
モバイル……………………………………………………………………152
モバイル放送………………………………………………………………198

さくいん

モバイル放送サービス……………………………………………… 140

【ら】
ランダム・アクセス………………………………………………… 145

【り】
リアル・タイム放送………………………………………………… 089
リモコン……………………………………………………………… 023
リモコン端子………………………………………………………… 144
リモコン番号………………………………………………………… 025
リレー1号…………………………………………………………… 115

【ろ】
ローカル局…………………………………………………………… 196
ロボット・カメラ…………………………………………………… 090

著者略歴

神島　治美（かみしま　はるみ）

1934年生まれ

1962年
　　讀賣テレビ株式会社　入社
1985年～1998年
　　技術局主任技師（部長），放送技術局技術部長，放送技術局次長，
　　映像技術局長，放送技術局長，技術局技師長を経歴
1999年～2000年
　　近畿地区地上デジタル放送実験協議会　部会長
2000年～2003年
　　通信・放送機構
　　近畿地上デジタル放送研究開発支援センター　センター長

地上デジタル放送のすべて
～技術開発から実験・実施までを追う～

Ⓒ 神島　治美　2003

2003年7月31日　第1刷発行

〔検印省略〕

著　者　　神島　治美
発行人　　平山　哲雄
発行所　　（株）電波新聞社
141-8715 東京都品川区東五反田1-11-15
電話03-3445-8201(ダイヤルイン)
振替　東京00150-3-51789

企画・編集　　（株）QCQ企画
印刷所　　　　奥村印刷（株）
製本所　　　　（株）堅省堂

Printed in Japan
ISBN 4-88554-743-1

落丁・乱丁本はお取替えいたします
定価はカバーに表示してあります